Wilhelm Olbers

Abhandlung über die leichteste und bequemste Methode die Bahn eines Kometen zu berechnen

Aus einigen Beobachtungen

Wilhelm Olbers

Abhandlung über die leichteste und bequemste Methode die Bahn eines Kometen zu berechnen
Aus einigen Beobachtungen

ISBN/EAN: 9783744636094

Hergestellt in Europa, USA, Kanada, Australien, Japan

Cover: Foto ©berggeist007 / pixelio.de

Weitere Bücher finden Sie auf **www.hansebooks.com**

Abhandlung

über die

leichteste und bequemste Methode

die Bahn eines Cometen

aus

einigen Beobachtungen

zu berechnen

von

Wilhelm Olbers,

der Medicin Doctor, Mitgliede der kaiserlichen Akademie der Naturforscher, und der königl. Societät zu Göttingen Correspondenten.

Mit einem Kupfer und Tafeln.

Weimar,
im Verlage des Industrie-Comptoirs

Vorrede.

Hoffentlich bedarf es wohl keiner Entschuldigung gegenwärtige vortreffliche Schrift zum Druck befördert zu haben. Der Herausgeber hofft vielmehr den Dank aller Astronomen und Liebhaber der Sternkunde zu verdienen, ihnen eine so gründliche, nützliche, und faſsliche Abhandlung über die Berechnung der Cometen-Bahnen in die Hände geliefert zu haben, von der schon ein competenterer Richter, Herr Hofrath Kästner, geurtheilt hat, daſs ihr Verfaſser die vier Hauptgleichungen dieses schweren Problems in ihrer einfachsten Gestalt dargestellt habe, welches noch keiner der grosen Analysten, welche sich mit dieser Aufgabe beschäftiget haben, vor ihm geleistet. Nicht nur mit diesem Urtheil, eines der ersten Geometer Deutschlands stimmt der Herausgeber überein, sondern auch als praktischer Astronom, hat er sich von der Allgemeinheit, Leichtigkeit und Nutzbarkeit dieser neuen Methode des Hrn. Dr. Olbers aus eigener Erfahrung mit Vergnügen überzeugt, welches nicht immer der Fall bey den oft scheinbar eleganten Methoden anderer Geometer ist. Er kann daher dreiste die Versicherung geben, dafs gegenwärtige Auflösungsart neu, kurz, leicht anwendbar, und die unverkennbaren Spuren an sich trägt, dafs sie nicht nur der gründliche Analyste, sondern auch der, mit allen Beobachtungs-Methoden vertraute Astronom entworfen habe, welcher nicht blos den Faden der Analyse allein verfolgt, unbekümmert, in welches Labyrinth von Rechnungen er den Astronomen führt, und ohne den Werth und die Gränzen fehlerhafter Beobachtungen praktisch zu kennen und ihren Einflufs zu würdigen, welche sie mehr oder weniger auf Rechnungs-Resultate haben können. Der Herausgeber bedarf jedoch für sich, nicht nur einer Anzeige, wie er zur Herausgabe gegenwärtiger Schrift gekommen ist; sondern auch einer ausführlichen Rechtfertigung, dafs er es sich angemaafst habe, solche mit einer Vorrede und einigen Zusätzen zu begleiten, ohne von dem verehrungswürdigen Herrn Verfasser hierzu aufgefordert worden zu seyn.

Da ich schon lange das Glück habe, mit Herrn Dr. Olbers in Bremen, in literarischer Verbindung zu stehen, und mich der Ehre und des Vortheils seines interessanten und lehrreichen Briefwechsels zu erfreuen habe, hatte er die Güte, mir bey Gelegenheit

heit der Berechnung feiner von ihm entdeckten Cometen vom vorigen Jahre zu melden, dafs er auf eine neue und viel leichtere Methode, die Bahn eines Cometen zu beſtimmen, gekommen fey, als die de la Placifche, welche ich ihm angerühmt hatte und der ich mich gewöhnlich Vorzugsweife bisher bediente. Er fchrieb mir, dafs er nun damit befchäftiget fey, hierüber eine eigene Abhandlung zu fchreiben.*)

In den Göttingifchen Anzeigen von gelehrten Sachen, erfchien in dem 11. St. vom 21. Januar d. J. eine Anzeige von diefer Abhandlung, welche Herr Dr. Olbers der Königl. Societät der Wiſſenſchaften in der Handfchrift vorgelegt hat, und da von dem Herrn Hofrath Käſtner ein fehr vollſtändiger und lichtvoller Auszug daraus gemacht worden, fo lernte ich aus demfelben wenigſtens den Geiſt diefer Methode kennen und fchätzen; diefs machte mich nur um fo begieriger, den Herrn Verfaſſer um eine gütige Mittheilung feiner Abhandlung zu erfuchen, da folche doch etwas fpäter in den Commentarien diefer gelehrten Gefellfchaft erfcheinen dürfte. Mit einer Freundfchaft und mit einer Bereitwilligkeit, welche ich fchon mehrmalen von dem Hrn. Doctor auf die zuvorkommendſte Art erfahren hatte, überfchickte er mir fogleich gegenwärtigen Auszug aus feiner gröſsern Abhandlung, da er von diefer keine vollſtändige Abfchrift

*) Berl. Aftr. Jahr-Buch 1799. S. 106.

Abſchrift zurückbehalten hatte, und wünſchte dabey über folgende drey Fragen meinen Rath und meine Meinung zu hören:

1) Ob er dieſe Abhandlung drucken laſſen ſolle?
2) Wie das am beſten geſchehen könne?
3) Ob ich es beſſer fände, ſie ſo, wie ſie iſt, herauszugeben; oder ob er die vortreffliche Barkeriſche Tafel über die Parabel, mit einer kurzen Erklärung anhängen ſolle?

Nachdem ich dieſe ſchöne Abhandlung nicht nur mit aller Aufmerkſamkeit durchgeleſen, ſondern ſogleich eine Anwendung derſelben, auf einen Cometen verſucht hatte, welcher die Verzweiflung ſo vieler Aſtronomen ausgemacht und der Stein des Anſtoſses aller Berechnungs-Methoden war, davon ich beſſer unten ſprechen werde; fand ich ſolche von ſo ausnehmender Leichtigkeit und Anwendbarkeit; ſie gewährte mir eine ſolche überraſchende Befriedigung, und überzeugte mich ſo ſehr von dem Nutzen und Gewinn, der daraus für die ſonſt ſo ermüdende Berechnungen der Cometenbahnen erwächſt, daſs ich mich ſogleich entſchloſs, von obigen drey Anfragen, deren Entſcheidung der Herr Verfaſſer meinem Rath zu überlaſſen, das Vertrauen hatte, den ausgedehnteſten Gebrauch zu machen, wozu ich noch durch folgende hinzugekommene Umſtände nothgedrungen ward.

Bekannt-

Bekanntlich find Verleger zu mathematifchen und aftronomifchen Werken, in dem Verhältniß fchwer zu erhalten, je gründlicher und gelehrter die Schriften find, die ihnen zum Verlage angeboten werden. Es ift ihnen auch nicht zu verdenken; denn Verleger, welche nur merkantilifch und auf Renner fpekuliren, finden ihre Rechnung beffer bey einem fchalen Roman, als mit den Schriften eines Euler, La Grange, La Place, Käftner, Hindenburg, Klügel, Hennert, u. f. w. Solcher Anftalten, wie die englifche und franzöfifche Nation, hat fich die deutfche (vielleicht eben deswegen, weil fie noch keine Nation ausmacht,) nicht zu erfreuen, es giebt da noch keine *Clarendon Prefs*, keine *Boards of Longitude*, keine *Imprimeries Royales* oder *Nationales*, in welchen gelehrte und nützliche Werke, welche kein Privatmann wohl unterftützen kann, auf Koften des Staats gedruckt werden, und Herzoge von Marlborough, welche deutfche Arbeit, auf deutfchen Boden erzeugt, in Deutfchland drucken laffen, giebt es wohl in England, aber nicht — in Deutfchland.

Einem gewöhnlichen Verleger durfte ich demnach Herrn Dr. Olbers Schrift nicht anbieten; ich wandte mich daher an einen meiner gelehrten Freunde, den Herrn Legationsrath Bertuch in Weimar, welcher eine Buchhandlung zur Unterftützung der Wiffenfchaften, nicht der Druckerpreffen, errichtet hat, und von welchem ich schon mehrere Beweise einer edlen und höheren Denkungsart erfahren hatte, und bald mehr, von einer ähnlichen, noch gröfsern Unternehmung zu sprechen, Gelegenheit haben werde.

Der Herr Legationsrath übernahm demnach den Verlag dieses Werks mit der gröfsten Bereitwilligkeit, auf die blofse Versicherung, dafs den Wissenschaften durch dessen Erscheinung ein Dienst geschehe; er überraschte mich zugleich mit der ihm eigenen, mir unerwarteten Thätigkeit, indem er das Werk sogleich dem Druck übergeben, es noch zur bevorstehenden Ostermesse liefern, und dessen Vollendung möglich machen wollte. Auf meine Bitte hatte er die Gefälligkeit, es hier in Gotha unter meinen Augen drucken zu lassen, wodurch es allein geschehen konnte, dafs es, wie ich mir schmeichle, nicht nur correct gedruckt, sondern auch nicht die geringste Spur dieser Eilfertigkeit an sich tragen soll, obgleich das Werk ein halb Alphabet stark ist, und ein Kupfer hat. Dieses konnte nur dadurch bewirkt werden, dafs 2 Setzer daran gearbeitet, und Herr Dr. Burckhardt nicht nur in der mühesamen Correctur desselben mich unterstützte, sondern auch der Sicherheit wegen, alle darin vorkommende Formeln aufs neue durchgerechnet, und an der Verfertigung der angehängten Cometentafeln, den gröfsten Antheil genommen hat, wofür ich diesem Gelehrten, der mich seit einem Jahr in meinen übrigen astronomischen Arbeiten, und bey der

der Verfertigung meines grofsen Stern-Verzeichnisses, mit einem aufserordentlichen Fleifs, und mit grofser Gefchicklichkeit unterftützt, hiermit öffentlich meinen Dank erftatte.

Da bey fo bewandten Umftänden die Zeit, zumalen wegen der Langfamkeit des niederfächfifchen Poftcourfes, viel zu kurz war, um des Herrn Verfaffers letzte Einwilligung erft einzuhohlen, die überfchickte Abhandlung keine Vorrede hatte, der Herr Verleger eine hierzu wünfchte, ich mir auch eigenmächtig einige Zufätze, und Zugaben erlaubt habe, fo fand ich mich genöthigt, da ich die erwünfchte Gelegenheit diefes vortreffliche Werk fo bald als möglich bekannt zu machen, nicht verfäumen wollte, die Rolle eines unberufenen Herausgebers zu übernehmen, und hier fo wohl dem Herrn Verfaffer, als auch dem aftronomifchen Publicum Rechenfchaft von meiner genommenen Freyheit abzulegen, in der ficheren Hoffnung, dafs man meinen wahren Eifer für die Wiffenfchaft hierinn nicht verkennen, und mir diefe Anmaafsung in Rückficht der Wichtigkeit diefer Schrift zu gute halten wird, da man blofs diefer Veranlaffung ihre fo baldige Erfcheinung, womit ich jedoch allen Aftronomen unfehlbar einen angenehmen Dienft zu erweifen mir fchmeichle, zu verdanken hat.

Es werden fich gewifs viele aufmerkfame Lefer der gegenwärtigen Abhandlung mit dem Herausgeber wundern, dafs fo viele grofse und fcharffinnige

finnige Geometer, welche fich mit diefem berühmten, und fchweren Problem fo oft, und fo vielfältig befchäftiget haben, nicht längft, auf die einfache, fchöne, glückliche Idee, worauf fich hauptfächlich die leichte und kurze Berechnungs-Methode unferes Herrn Verfaffers gründet, gekommen find. Schon Newton und Lambert, machten bey drey einer Rechnung zum Grunde gelegten Beobachtungen eines Cometen von kurzen Zwifchenzeiten, die der Wahrheit fehr nahe Vorausfetzung, der mittlere *Radius vector* theile die Sehne der Cometenbahn von der erften bis zur letzten Beobachtung im Verhältnifs der Zeiten: dafs man aber fo was, auch bey den drey Stellen der Erde in ihrer Bahn, mit eben dem Vortheil vorausfetzen könne, diefer glückliche Gedanke war Herrn Dr. Olbers vorbehalten. Wie er diefe fruchtbringende Idee benutzt, uud eben fo fcharffinnig ausgeführt hat, mufs man in der Abhandlung felbft nachlefen.

Damit der Herausgeber fein Urtheil nicht ohne nähere Prüfung niedergefchrieben zu haben, fcheine, fo kann und will er, folches hier durch feine eigene gemachte Erfahrung begründen, und da diefe unternommene Unterfuchung nicht wenig dazu beytragen kann, diefe Berechnungs-Methode in das verdiente Licht zu ftellen, fo wird es ihm vergönnt feyn, um nicht ganz den Namen eines müffigen Herausgebers zu verdienen, hierüber einen näheren Auffchlufs zu geben.

Obgleich

Obgleich die parabolifche Bahn des Cometen, welcher im Jahr 1779 erfchien, von mehreren Aftronomen durch indirecte Methoden ohne Anftofs ift beftimmt worden, und weder Herr P i n g r é in feiner Cometographie, noch Herr D e la L a n d e in der neueften Ausgabe feiner Aftronomie, etwas von der Sonderbarkeit diefes Cometen erwähnen, fo hat derfelbe dennoch vielen anderen Aftronomen, welche fich zur Berechnung feiner Bahn anderer Methoden bedient haben, nicht nur unüberfteigliche Schwierigkeiten dargeboten, fondern fie auf ganz befondere Eigenheiten, und unerwartete Refultate geführt. Herr O r i a n i in Mayland, berechnete nach der E u l e r i f c h e n Methode, (*Recherches et calculs fur la vraie orbite elliptique de la Comète de l'an 1769 pag. 35.*) die Bahn diefes Cometen; allein er konnte nach unfäglicher Mühe und nach vielmals wiederhohlten Rechnungen, welche feine ganze Gedult erfchöpften, durchaus, und auf keine Weife Elemente herausbringen, welche mit jenen, die er jedoch durch die Lambertfche Conftruction ziemlich genau und ohne Anftofs erhalten hatte, auch nur auf die entfernterte Art übereinftimmten. Er berechnete den Cometen daher in einer Ellipfe; allein ftatt diefe zu erhalten, erhielt er eine Excentricität, welche gröfser als die halbe Axe der Bahn war, und wurde folchergeftalt auf eine hyperbolifche Bahn geführt. *)

Herrn

---

*) *Ephem. aftron. Mediolan. ad A. 1782 p. 160 feq.*

Herrn Profeſſor Prosperin in Upſal ergieng es nicht beſſer, er erhielt nicht nur eine ähnliche hyperboliſche Cometenbahn, ſondern er brachte noch drey andere elliptiſche Orbiten heraus, in deren einer, die Umlaufszeit des Cometen 1160 Jahre, in der zweyten 19009 Jahre, und in der dritten unendlich war, und doch ſtellte jede derſelben, ſo wie die hyperboliſche Bahn, die ganze Reihe der vier monatlichen Beobachtungen dieſes Cometen, ſo gut, als man nur immer erwarten konnte, dar! *)

Herr von Paccaſſi wandte die Boſcovichiſche Methode, **) und Herr Schulze ***) ſeine eigene, (eigentlich die Lambertſche Conſtruction in Formeln gebracht,) auf dieſen Cometen an; beyde brachten von den wahren höchſt verſchiedene Elemente heraus. Ich ſelbſt habe im Jahr 1783 in Paris unter den Augen des Hrn. de la Place ſeine eben damals erſchienene Methode auf dieſen Cometen angewandt, und habe, wie ich ſchon in dem Berliner aſtronomiſchen Jahrbuche 1788 S. 151 geäuſſert hatte, die dadurch gefundenen Elemente der Bahn, nur mit vieler Mühe den ſchon bekannten wahren näher bringen können.

Welch einen gröſseren und ſchärferen Probier-Stein könnte man demnach für Herr Dr. Olbers Metho-

---

*) Neue Abhandl. der K. Schwediſchen Akad. d. W. VI. Band S. 263 ſeq. der deutſchen Ueberſetzung.
**) *Scherffer*, *Inſtit. Aſtr. theor.* p. 226. L. *Euler's* Theorie der Planeten und Cometen, überſetzt von Hrn. von Paccaſſi. Wien. 1781 S. 170.
***) *Nouv. Mem. de l'Acad. de Pruſſe* 1782 p. 192.

Methode als eben diesen Cometen wählen? welcher die Qual so vieler Berechner, und die Klippe so vieler Methoden war, welche daran gescheitert sind. Ich berechnete also, diesen sonderbaren und schwierigen Weltkörper nach unsers Herrn Verfassers Auflösungs-Art, und wählte hierzu folgende drey Pariser Beobachtungen des Herrn Messier:

Mittlere Zeit	geoc. Länge d. Com.	geocentr. Breite
1779. 26. Febr. 26,5658101	222° 13′ 1″	49° 5′ 57″
4. März. 32,4337267	213 14 24	44 45 43
10. März. 38,4001273	205 23 40	39 48 20

Mit Zuziehung der zustimmenden Längen der Sonne und der Abstände von der Erde aus meinen Sonnentafeln, erhielt ich ohne Mühe und durch eine sehr leichte Rechnung, in Zeit von einer Stunde folgende drey Gleichungen, und Werthe für ϱ', ϱ''', r', r''', und k''.

$r'^2 = + 0,9824023 + 0,8736297 \varrho' + 2,332634 \varrho'^2$
$r'''^2 = + 0,983609 + 2,118688 \varrho' + 2,880413 \varrho'^2$
$k''^2 = + 0,0418773 + 0,0068447 \varrho' + 0,208501 \varrho'^2$

woraus ferner

$\varrho' = 0,3085758$ $\varrho''' = 0,4023238$ $r' = 1,214123$ $r''' = 1,384433$
$k'' = 0,2526712$ und sofort nachstehende erste genäherte Elemente der Bahn:

Länge des Knotens 0ˢ 29° 53′ 37″
Neigung der Bahn 26 38 22
Länge des Periheliums 2 28 31 35
Abstand des Periheliums. 0,70729
Zeit des Durchgangs durchs Perihel. 6,2813 Jan. 1779.

Wie

XIV

Wie fehr diefe gefundenen Beftimmungsftücke der Bahn, ohne alle übrige Verbefferungen, und ohne Rückficht auf den nicht immer, mit aller Sicherheit zu erhaltenden Werth von M (§. 62.) welchen der Herr Verfaffer felbft zu verbeffern lehrt, den fchon bekannten wahren Elementen fich nähern, wird man beym Vergleich, dann erft, recht zu bewunderen Urfache haben, wenn man bedenket, dafs Herr Oriani nach der Eulerifchen Methode, aus der vorläufig gefundenen Länge des Knoten und Neigung der Bahn, den Abftand, die Zeit und die Länge des Periheliums, auf keine nur einigermafsen erträgliche Art hat ausmitteln können, obgleich er fich nicht hat verdriefsen laffen, zwanzig verfchiedene Hypothefen zu berechnen. Vergleicht man ferner, was Herrn von Paccaffi's und Herrn Schulze's fcharf geführte Rechnungen, Herrn Profperins Ellipfen, Herrn Bode's Conftruction *) für ungleich gröfsere Unterfchiede und Verfchiedenheiten für die Elemente diefes Cometen angegeben haben, fo wird man noch mehr Gelegenheit haben zu bemerken, welchen Vorzug der Methode des Herrn Dr. Olbers vor allen andern eingeräumt werden müffe, wie leicht, kurz und bequem fich diefelbe, auch in den fchwierigften und verwickeltften Fällen mit dem glücklichften Erfolg anwenden laffe." Dafs nun diefe, durch die erfte und fchnelle Annäherung

*) Berliner aftronomifches Jahrb. 1782. p. 15.

herung beyläufig gefundene Elemente noch ferner, durch die von unferem Herrn Verfaſſer ſelbſt angezeigte Art verbeſſert, und der ganzen Reihe von Beobachtungen des Cometen angepaſst werden können, verſteht ſich von ſelbſt; uns genügt es hier gezeigt zu haben, wie weit dieſe erſte Annäherung, in einem ſo aufſerordentlichen Fall zu gehen vermochte, da wo andere Methoden gar nichts herausbrachten, und wo manche bey mit aller Schärfe geführten Rechnungen nicht das leiſteten, was unſers Herrn Verfaſſers vorläufige Approximation viel beſſer, leichter, und ſicherer gewährte. Worinn übrigens die Urſache, der ſo ſchwierigen Anwendung ſo vieler Berechnungs-Methoden auf dieſen Cometen liegt, gehört nicht hierher, verdiente aber wohl eine eigene Unterſuchung und Erörterung.

Bey dieſer Gelegenheit wollen wir unſere Leſer auf einen andern wichtigen Umſtand wiederhohlt aufmerkſam machen, welcher dem Scharfſinn unſeres Herrn Verfaſſers nicht entgangen iſt, und welchen er in ſeiner Abhandlung Seite 75, 76, aber nur zu leiſe berührt hat. Daſs fehlerhafte Beobachtungen eines Cometen, auf die daraus hergeleiteten Elemente ſeiner Bahn einen Einfluſs haben können und müſſen, iſt für ſich klar, und ihre mehr und weniger namhafte Folgen, ſind allerdings in Erwägung gezogen worden; weniger ernſthaft hat man die Einwirkungen der hiezu gebrauchten fehlerhaften Längen

der

der Sonne bedacht und gewürdiget. Der Herr Verf. macht daher mit Recht darauf aufmerkſam, und ſagt, daſs ein Fehler von 10 Secunden in der Länge der Sonne, unter gewiſſen Umſtänden, gröſsere Folgen haben könne, als ein Fehler von einer oder gar mehreren Minuten in der beobachteten Länge und Breite des Cometen hervorbringen kann. Pingré hat in dem II. Theil ſeiner Cometographie S. 86 ſchon einen Fall angeführt, wo ein Irrthum von 10 Sec. in dem Ort der Sonne, einen von 15 Minuten auf die geocentriſche Länge des Cometen verurſacht hat; allein dieſer Fehler kann ſogar einen halben Grad und auch noch mehr betragen, wenn die Aſtronomen noch überdieſs, wie einige zu thun pflegen, die Correction von 20 Sec. für die beſtändige Abirrung des Lichts vernachläſſigen. Ich habe mir es daher ſchon vor langer Zeit zur Vorſchrift gemacht, bey allen meinen Planeten-Beobachtungen, oder wo ich ſonſt noch den Ort der Sonne nöthig habe, denſelben allemal unmittelbar aus der Beobachtung ſelbſt herzuhohlen, oder wenigſtens um die Zeit ſolcher Beobachtungen, den mittlern Fehler der Sonnentafeln zu beſtimmen. Freylich haben nicht alle Aſtronomen dieſes zu thun die Macht und Gelegenheit, welches nur auf wohl beſtellten, mit fixen, und vorzüglich mit groſsen und guten Mittagsfernröhren verſehenen Sternwarten möglich wird; dieſe müſſen ſich daher auf die beſten Sonnentafeln verlaſſen, daſs aber die allerneueſten derſelben des

Herrn

Herrn de Lambre, des Herrn Triesnecker *)
und die meinigen, diefen Grad von Genauigkeit bis
auf 10 Sec. noch nicht erlangt haben, zeigen theils
die Vergleichungen, welche ich in meinen Sonnentafeln (pag. CXXIX) mit 314 Greenwicher Sonnen-
beobachtungen vom Jahr 1775 bis 1784, angeftellt
habe, theils meine fortgefetzten eigenen Sonnenbeob-
achtungen, welche ich von Zeit zu Zeit mit meinen Tafeln vergleiche; und ich mufs hier offenherzig und der
Wahrheit zur Steuer bekennen, dafs ich durch meine
auf das forgfältigfte angeftellte Beobachtungen der
Länge der Sonne, (welche Art Beobachtungen meines Wiffens fonft nirgend als in Greenwich und Gotha gemacht werden,) im Februar diefes 1797ten
Jahres gefunden habe, dafs unfere beften Sonnentafeln bisweilen noch um 15 bis 17 Sec. von dem Him-
mel und der Wahrheit abweichen können. Im Aug.
1796, wo ich die Sonnenlängen zur Beobachtung
und Berechnung der untern Zufammenkunft der Venus mit der Sonne nöthig hatte, fand ich zwar den
Fehler meiner Sonnentafeln nur zwifchen 3 u. 4 Sec.;
als ich aber zum Gegenfchein des Uranus im Februar
und zur Quadratur des Saturns im März diefes gegenwärtigen Jahres, die Oerter der Sonne gleichfalls
nöthig hatte, fo erhielt ich mehrere Tage fortge-
fetzt, den mittlern Fehler meiner Sonnentaf. — 17",
für jene des Hrn. de Lambre — 15" und für Hrn.
Tries-

b

---

*) *Ephem. aftron. Vienn. ad Ann. 1793 p. 401. fq.*

XVIII

Triesnecker seine gar eine halbe Min. oder richtiger 28 Sec. Daſs hiervon hauptſächlich die Störungsgleichung der Venus Urſache ſey, werde ich an einem andern Orte zeigen. Es genügt mir, hier angezeigt zu haben, daſs die Gränzen der Jrrthümer, welche aus dieſer Quelle entſpringen können, auch bey dem allerneueſten Zuſtande der Sternkunde, bey weitem gröſser ſind, als man vermuthen ſollte, und daher die doppelte Aufmerkſamkeit und Bemühung der Geometer und Aſtronomen verdienen.

Es liegt mir noch ob, von den Zuſätzen eine Erwahnung zu machen, welche ich in dem Lauf der Abhandlung ſelbſt gemacht habe. Deren ſind nur zwey; Die erſte, (S. 78) betrift die de la Placeſche Verbeſſerungsmethode, der beyläufig bekannten Elemente einer Cometenbahn. Herr Dr. Olbers wollte ſich bey einer weitläufigen Auseinanderſetzung derſelben nicht aufhalten, da ſie ſowohl Hr. de la Place ſelbſt in den Memoiren der Pariſer Academie 1780 p. 80. und nach ihm Herr Pingré im 2ten Theil ſeiner Cométographie S. 368 umſtändlich auseinander geſetzt haben. Da aber dieſe koſtbaren ausländiſchen Werke in Deutſchland doch nicht in jedermanns Händen ſind, auch ſonſt meines Wiſſens nirgends bekannt gemacht worden, und unſer Herr Verfaſſer dieſelbe in gewiſſen Fällen ſelbſt anräth: ſo habe ich aus dieſem und noch aus dem zweyten Grunde, weil der Herr Doctor alle übrigen bequemern Verbeſſerungsarten

bey-

beybringt, erklärt und erläutert, wodurch man diese Correctionsarten sämmtlich beysammen erhält, keine undankbare Mühe zu übernehmen geglaubt, hier die de la Placefche Methode in dieselben Buchstaben, deren sich unser Herr Verfasser in seiner Abhandlung bedient, übersetzt mitzutheilen; welches um so füglicher geschehen konnte, da sich die vollständige Darstellung der ganzen Rechnung ohne Figur und ohne der Deutlichkeit zu schaden, in eine gedrängte Kürze zusammenziehen ließ, und zugleich eine Gelegenheit an die Hand gab, die Rechner bey ähnlichen Calculs, wo die zu machende verschiedene Hypothesen eine öftere Wiederhohlung derselben nöthig machen, auf den Vortheil constanter Logarithmen aufmerksam zu machen.

Der zweyte Zusatz (S. 96) betrift eine Interpolationsmethode, deren weder Hr. De la Place, noch Pingré, in oben angezeigten Werken gedenken; sondern vom erstern als ein Zusatz in seinem seltenen Werke *Théorie du mouvement & de la figure elliptique des Planétes*. Paris 1784 S. 51. & 52. gegeben worden, und wovon auf Kosten des durch seine Verdienste um die Sternkunde und durch sein hartes Schicksal in den Herzen aller Astronomen verewigten Parlamentspräsidenten *Bochart de Saron*, nur wenige Exemplare gedruckt und an Freunde und berühmte Gelehrte vertheilt worden. Es giebt nemlich Fälle, wo man bey diesen Verbesserungsmethoden um die wahren Correctionsfactoren zu finden, mit den ersten Differen-

-zen nicht ausreicht, und daher feine Zuflucht zu den zweyten nehmen mufs. Diefs ereignet fich allemal, fo oft die Glieder, die von den 2ten Differenzen abhangen, von derfelben Ordnung werden, wie jene, welche von den erften Differenzen kommen. Diefer Fall tritt z. B. ein, wenn in einer der gewählten Beobachtungen der Radius Vector des Cometen fenkrecht auf die Gefichtslinie trifft, welche aus der Erde nach den Cometen gezogen wird. Da nun diefe Interpolationsart auch bey andern Verbefferungsmethoden als der de la Placifchen und bey allen Interpolationen mit zweyten Differenzen überhaupt anwendbar, und hier die Formeln für den Fall der einfachen und doppelten Variationen fchon eingerichtet find; fo glaubte ich, obgleich fie an fich weder neu noch den Analyften unbekannt find, dennoch durch ihre Herfetzung den Liebhabern einen Gefallen zu erweifen, damit fie auch diefe hier fogleich zur Hand finden und im Erforderungsfall derfelben fich bedienen können.

Aus demfelben Grunde und in der fichern Erwartung, dafs fich in Zukunft nicht nur Aftronomen von Profeffion der leichtern Methode unfers Herrn Verf. vorzugsweife bedienen werden, fondern da diefelbe und ihre Anwendung fo lichtvoll, fafslich und populär vorgetragen ift, auch viele Liebhaber der Sternkunde aufmuntern und Wecken dürfte, fich an die fonft fo fchwere Berechnung der Cometenbahnen zu wagen,

Wodurch

wodurch den aſtronomiſchen Wiſſenſchaften nicht nur mehrere Mitarbeiter, ſondern auch gründlichere Liebhaber gewonnen würden, und der Herausgeber ohne einen Widerſpruch zu befürchten, wahrhaft verſichern kann, daſs er kein Werk dieſer Art kenne, welches dieſes zu befördern ſo ſehr geeignet wäre, als gegenwärtige Schrift; ſo hat er in dieſem Anbetracht auch alles dasjenige beyzubringen geſucht, wodurch jedem Liebhaber dieſe Arbeit erleichtert und er in den Stand geſetzt wird, mit dieſem Werk allein, wenn er nur noch logarithmiſche-trigonometriſche Tafeln *) und etwa die Berliner aſtronomiſ. Jahrbücher zu Hand hat, die Bahn eines jeden Cometen nach der deutlichen und beſtimmten Anweiſung des Hrn. Verf. berechnen zu können. Anfänger können daher erſt, die in dem Werke ſelbſt gegebenen Beyſpiele nachrechnen, zur fernern Uebung ſchon berechnete Bahnen vornehmen, ihre gefundene Reſultate mit den bekannten vergleichen, und ſodann ihre geübten und erlangten Kräfte auf neu entdeckte, oder noch zu beſtimmende Cometen anwenden, und ſo die noch ſparſame Zahl der Cometenberechner vermehren, und ſich dadurch ein erhabenes Vergnügen verſchaffen; von deſſen reinem Genuſs der Uneingeweyhte ſich weder einen deutli-

chen

---

*) Hiezu empfehlen wir vorzüglich die zweyte, verbeſſerte, vermehrte, und gänzlich umgearbeitete Auflage der Log trigonometriſchen Tafeln des K. K. Herrn, Obriſtwachtmeiſters v. Vega, welche dieſe Meſſe in der Weidmanniſchen Buchhandlung in 2 Bänden gr. 8. erſchienen ſind, und ſich durch ihre Correctheit, zweckmäſsigen Einrichtung und Wohlfeilheit vor allen andern auszeichnen.

chen Begriff machen, noch auf die allerentfernteste Art ahnden kann.

Um so lieber habe ich daher die Idee des Herrn Verfassers aufgefasst, die bequeme Barkerische Cometentafel hier in einem Abdruck zu liefern, da sie nicht nur in Frankreich und Deutschland unbekannt, und nirgend, auſser England, im Druck erschienen ist, und ich schon längst wegen ihrer vorzüglichen Brauchbarkeit das Vorhaben hatte, sie bekannt zu machen, und zu dieser Absicht, von einer Person, welche zu nennen, die Ehrerbietung mir verbietet, ganz neu, und auf mehrere Decimalstellen als die Barkerische Tafel hat, berechnen lassen. Erwünscht kam mir also diese Gelegenheit, wodurch nicht nur ein neuer Abdruck der so oft, und in mehrern Büchern anzutreffenden gewöhnlichen parabolischen Cometentafel erspart, sondern den Astronomen eine ganz neue und berichtigte Tafel in die Hände gegeben wird, womit sie die wahren Anomalien in einer Parabel viel leichter und schärfer berechnen können. Es hat zwar der englische Baronet, Sir Henry Englefield, dieselbe Barkerische Cometen-Tafel in seinem i. J. 1793 in London erschienenen Werke *On the Determination of the Orbits of Comets* *)

abdru-

---

*) Der vollständige Titel dieses Werkes ist: *On the determination of the orbits of comets, according to the methods of father Boscovich and Mr. de la Place with new and complete Tables, and Examples of the Calculation by both methods. By Sir Henry Englefield Bart. F. R. S. et F. A. S. London. Printed by Ritchie and Sammells for Peter Elmsly in the Strand 1793.* 264 Seiten ohne die Tafeln, und mit 4 Kupferplatten.

abdrucken laſſen, allein dieſes in 4to ſplendid gedruckte Werk, welches zwar für Engländer, welche ſich um ausländiſche Gelehrſamkeit weniger bekümmern, ſeinen guten Nutzen haben mag, für den deutſchen Leſer aber nichts neues, was ihnen nicht ſchon bekannt wäre, enthält, ſo iſt dieſes Werk in Deutſchland nicht ſehr, und ſelbſt Hrn. Dr. Olbers nicht bekannt worden; übrigens iſt die darinn enthaltene Barkeriſche Tafel, ohne Reviſion, oder Anzeige von Druckfehlern ganz ſo, wie ſie in deſſen *Account &c.* ſtehet, abgedruckt worden. *) Da man bey Berechnung der Cometenbahnen die gegebenen mittleren Zeiten der Beobachtungen, viel bequemer in Decimaltheile eines Tages ausdrückt, ſo ſind dieſer Tafel einige andere vorangeſchickt worden, welche dazu dienen, die Stunden, Minuten und Secunden in ſolche Decimaltheile zu verwandeln.

Zu gleicher Zeit habe ich noch eine andere, neue, noch nie durch den Druck bekannt gemachte Cometen-Tafel beygefügt, um die in einer Parabel berechnete Anomalie ſogleich auf jene, einer gegebenen ſehr excentriſchen Ellipſe zu bringen. Herr de la Place ſchlug ihre Berechnung in ſeiner *Théorie du Mouvement &c.* p. 22 ſchon i. J. 1784 vor, und ich habe noch in demſelben Jahr in London einen Liebhaber

---

*) In der Vorrede erzählt der Herr Baronet, daſs er die beyden franzöſiſchen Aſtronomen Herrn Pingré und Herrn Mechain mit Barkers Schrift bekannt gemacht, und daſs beſonders letzterer, von den Vorzügen dieſer paraboliſchen Cometentafel mit groſsen Loberhebungen geſprochen habe.

haber der Mathematik aufgemuntert, diese Tafel zu berechnen.*) Da sich aber keine Veranlassung darbot, dieselbe irgendwo schicklich als Anhang herauszugeben, auch dieses Manuscript in den Händen des Rechners in England zurückgeblieben ist; so hat dieselbe Person, welche die Barkerische Cometentafel neu berechnet hat, auch diese elliptische Tafel, nach der Placeschen Formel entworfen. Ich glaube den Astronomen damit um so mehr ein angenehmes Geschenke zu machen, da überhaupt Tafeln, für dies zwar seltnere Bedürfnis, in äusserst wenigen Sammlungen astronomischer Tabellen anzutreffen sind, und diejenigen, welche sich hie und da zerstreut finden, entweder sehr fehlerhaft, oder nicht so bequem, und genau, wie die unsrige, eingerichtet sind. Bisher kenne ich zwar keine andere Tafel dieser Art, als welche Simpson in seinen *Miscellaneous Tracts 1757 p. 62* gegeben, und Pingré in seiner *Cométographie T. II. p. 496. Tab. III.* abgedruckt hat; sie befinden sich zwar auch im Auszuge und mit einer kleinen Veränderung in *De la Caille's Leçons élémentaires d'Astronomie 4me edit. Paris 1780. p. 301.* allein es ist dabey zu erinnern, dass die Aufschriften derselben durchaus falsch sind, da wo *additive*, *subtractive*, und umgekehrt, wo *subtractive* steht, *additive* gesetzt werden muss. Obgleich Simpson auf einen ganz anderen Wege, eine dem Anschein nach, sehr verschiedene Formel findet, als Hr. de la Place, so

sind

---

*) Berl. Astronomisch. Jahrb. 1788. S. 152.

find fie doch im Grunde identifch, und die durch Simpfons Formel gefundene Corrections Logarithmen für die parabolifchen Anomalien, find ganz den de la Placefchen gleich, wenn zu letztern nur noch der conftante Logarithmus 6,1627 hinzugefügt wird. Der Grund hiervon, fo wie die Vorzüge der de la Placefchen Form, wird man bey der Erklärung der Tafeln angezeigt finden.

Die VIte Tafel begreift die Elemente aller Cometenbahnen, welche feit dem Jahr 837 nach Chrifti Geburt bis auf gegenwärtige Zeit (Mai 1797) find berechnet worden. Ich glaubte fie nothwendig hierher fetzen zu müffen, damit die Berechner neuer Cometenbahnen, gleich nachfehen und vergleichen können, ob ihre gefundene Elemente mit irgend einer der fchon bekannten übereinftimmen, und zufammen treffen, und fo auf die Jdentität zweyer Cometen fchliefsen können. Um aber auch diefe Tafel nicht blofs abzufchreiben, und mit allen ihren Fehlern abdrucken zu laffen, fo ift fie mit vieler Sorgfalt ganz neu entworfen, die Data fo viel als möglich, aus ihren Urquellen nachgefucht; viele Ergänzungen und Berichtigungen vorgenommen, eine ganz neue Rubrik für die Logarithmen der täglichen mittlern Bewegung, eines jeden Cometen hinzugefügt, und dadurch zu einem folchen Grad von Vollftändigkeit gebracht worden, dafs ich mir gewifs zu behaupten getraue, dafs diefe Tafel, welche man in verfchiedenen aftronomifchen

fchen Schriften und Lehrbüchern häufig antrift, noch nirgend mit diefem kritifchen Fleifs und Vollftändigkeit wie hier vorkommt. Man findet zwar die allerneuefte diefer Tafel, in des Hrn. de la Lande Jezten Ausgabe feiner *Aftronomie (1792)*, fie geht aber nur bis zum Jahr 1790, und enthält 78 Cometen; unfere Tafel hingegen reicht bis 1796, und begreift 89 Cometen.

Herr de la Lande führt von jeden Cometen nur die Elemente eines einzigen Berechners an, gröfstentheils nur feiner Landsleute; wir haben die Bahn aller Berechner, fo viel ihrer jedesmal waren, angeführt. Dies hat feinen vielfältigen Nutzen. Erftlich, erfährt man überhaupt, was und wie viel über jeden Cometen gearbeitet worden, und von wem. Zweytens, gewährt es eine fchnelle und augenfällige Ueberficht diefer alfo zufammengeftellten Elemente verfchiedener Berechner, in wie ferne die Bahn eines folchen Cometen gut und einftimmig beftimmt ift, oder nicht. Drittens, da in unferer Tafel zugleich die Methoden angezeiget find, nach welcher jeder Berechner feine Bahn berechnet hat, fo giebt diefer Vergleich eine Würdigung derfelben: es zeigen fich die oft nahmhafte Abweichungen in einem Ueberblick, man lernt Methoden dadurch näher kennen und fchätzen; oder, wem daran liegt, wird wenigftens der Fingerzeig gegeben, wo zu unterfuchen ift, ob die Fehler in den zur Rechnung gebrauchten Beobachtungen,

oder

oder in den angewandten Rechnungsmethoden liegen. Herr Pingré hat zwar auch in seiner Tafel die Elemente, eines und desselben Cometen, von mehreren Berechnern angeführt, allein es fehlt derselben nicht nur sehr viel an ihrer Vollständigkeit, sondern es haben sich auch mehrere Schreib- und Druckfehler darinn eingeschlichen. So hat er z. B. von den Cometen 1779 die Elemente nur von drey Berechnern; in unserer Tafel, wird man solche von funfzehn verschiedenen Astronomen aufgeführt finden; die Druckfehler, welche hie und da in den ältern Tafeln, sowohl als auch in den Original-Beobachtungen selbst, sich vorgefunden haben, sind nicht nur sorgfältig verbessert, sondern bey der Erklärung der Tafeln allemal angezeigt worden, damit jedermann, der ein Exemplar eines solchen Werkes besitzt, dasselbe selbst verbessern könne. Als merkwürdiges Beyspiel führe ich hier nur den Cometen von 1533 an, in dessen von Corn. Douwes berechneten Elementen Herr Dr. Olbers einen groben Schreibfehler von 1 Zeichen und 13 Grade in der Länge des Perihelii entdeckt hat. Schon Barker fand die Elemente dieses Cometen verdächtig *) und sagt, daß sie durchaus nicht auf die Beobachtungen passen. **) Sonderbar ist, daß Herr Dr. Olbers, der seine neue Methode auf einen, und den andern älteren, ihm noch nicht hinreichend berechnet scheinenden Cometen angewandt hat,

---

*) *An Account of the Discov.* p. 13.
**) *Hevelii Cometographia* Lib. XII. p. 847.

hat, aus **Appians** Beobachtungen, eben fo gut, eine **rechtläufige** von der **Douwesfchen rückläufigen** fehr verfchiedenen Bahn gefunden hat, welche nicht nur die Appianifchen Beobachtungen gut darftellt, fondern auch mit dem, was andere Schriftfteller von diefen Cometen melden, mehr übeinzukommen fcheint. Mehr hievon wird Herr Dr. **Olbers** in Herrn **Bode's** aftronomif. Jahrb. 1800 fagen. Was ich hier anführe, ift aus den intereffanten Briefen diefes verdienftvollen Gelehrten an mich. Seine verbefferten und neuen Elemente diefes Cometen, wird man in der angehängten Tafel felbft finden.

Diefer Tafel find am Ende noch Anmerkungen angehängt, und fo viel als möglich war, auch die Quellen angezeigt, in welchen die Beobachtungen der Cometen felbft vorkommen. Ich hoffe dadurch denjenigen einen angenehmen Dienft zu erweifen, welche ältere zweifelhafte Cometenbahnen prüfen, bey heuern verfchiedene Methoden verfuchen wollen, und hierzu die Originalbeobachtungen felbft nöthig haben. Diefe werden dann meiftens auf die Urquellen hingewiefen, wo diefe Beobachtungen anzutreffen find, wodurch theils denjenigen, die einen grofsen Büchervorrath oder grofse öffentliche Bibliotheken zu Gebote haben, vieles Nachfuchen erfpart, denen aber, welche diefe Vortheile nicht haben, und die Bücher erft borgen oder verfchreiben müffen, wenigftens das

ein-

einzelne Werk nahmhaft gemacht wird, in welchem sie ihre Befriedigung finden werden.

Da diese Tafel mit so vieler Sorgfalt abgefasst und abgedruckt worden, so glaubte ich neben ihr auch jene des Herrn Pr. Prosperin aus Upsal, einen verdienten Platz einräumen zu müssen, welche die Bestimmungsstücke bey den kleinsten Abständen der Bahnen aller bisher berechneten Cometen von der Erdbahn zeiget. Diese Tafel, aus welcher sich die Gefahr beurtheilen läfst, welche die Erde bey der Annäherung eines Cometen zu befürchten hat,*) wird wohl für manche Leser einen grofsen Reitz haben; sie werden hieraus ihre Neugierde befriedigen können, und die Furchtsamen den Trost und den Beruhigungsgrund finden, dafs wenigstens die bisher seit dem Jahr 837 bekannte und berechnete 84 Cometen, wenn ihre Bahnen auch ohne Ordnung im Weltraum zu liegen scheinen, doch so weislich gestellt sind, dafs die Erde von ihnen keinen Anstofs zu befürchten gehabt hat, oder

---

*) Der berühmte Halley hielt eine solche Gefahr nicht für unmöglich; er sagt daher am Ende seiner Cometographie: "Collisionem vero vel contactum tantorum corporum ac tanta vi motorum (quod quidem manifestum est minime impossibile esse) avortat Deus O. M. ne pereat funditus pulcherrimus hic rerum ordo et in chaos antiquum redigatur." Lambert war der Meynung, in seinen kosmologischen Briefen, dafs ein solches Zusammentreffen nicht statt haben könne. Du Sejour hält die Wahrscheinlichkeit der Gefahr, welche die Erde von Cometen zu befürchten hat, soviel als ganz unmöglich, da er sie ein unendlich kleines von der zweyten Ordnung nennt. Da wir alle Absichten des Schöpfers in der Natur zu beurtheilen, viel zu schwach sind, so läfst sich eine ganz absolute Unmöglichkeit dieses Falles zwar nicht rigoros beweisen, aber die vielen Umstände, welche hier zusammentreffen müssen, machen die Sache im höchsten Grad unwahrscheinlich.

oder wenn sie wieder zurückkehren sollten, zu befürchten haben wird. Es bestätiget sich also auch hier die alte Wahrheit, je näher man des Schöpfers Werke kennen lernt, destomehr bewundert man die weise Vorsicht dieses allmächtigen Baumeisters in der Anordnung dieses grosen Weltalls, und in den unter so vielen Weltkörpern nach so einfachen Gesetzen doch so weislich vertheilten Anlagen, dafs sich nichts verwirren, trennen, stosen und zerstören kann. Wer sieht, fühlt und beurtheilt diese tiefe Weisheit anschaulicher; vertrauter und inniger, als der Astronom? Und doch durfte in unsern Tagen ein deutscher Staatsmann die Verläumdung, um kein stärkeres Wort zu gebrauchen, wagen, Astronomie führe zum Atheismus.

Devotion! Daughter of Astronomy!
An undevout astronomer is mad.
True; All things speak a God; but in small,
Men trace out Him; in great He seizes man
Young's Night-Thougths. N. IX. v. 772 sq.

Herrn Prosperins Tafel findet man nirgends zusammengestellt. Sie findet sich stückweise in den ältern schwedischen Abhandlungen 37. B. und in den neuern 6ten Band, in den Pariser Memoiren 1773; in den Wiener Ephemeriden 1776, und in den Berliner Jahrbüchern 1781 und 1799, zerstreut. Hier erhält man sie im Zusammenhange, bis auf den vorlezt erschienenen Cometen.

Schlüs-

Schlüßlich zeige ich hier noch an, daß mir Herr Pr. Hennert aus Utrecht ohnlängst einen neuen Verfuch die Laufbahn der Cometen zu berechnen, zugefchickt hat. Diefen habe ich Hoffnung, nebft einer neuen Abhandlung über die Stralenbrechung, und der ganz umgearbeiteten Petersburger Preifsfchrift diefes Geometers: *Differtatio de perturbatione motus diurni terrae ab Acad. Sc. Petropolit. praemio ornata Petrop. 1787. 4to*, in einem Bande herauszugeben, welcher den 2ten Theil feiner *Differtations de Phyfique & de Mathematique* ausmachen foll. Der Abdruck diefes Preifsfchrift, obgleich folche im Jahr 1787 erfchienen, ift fogar ihrem Verfaffer felbft noch nicht zu Geficht, und in keinen Buchhandel gekommen; daher fie auch Herrn de la Lande bey der letzten Ausgabe feiner Aftronomie Art. 949 unbekannt geblieben ift. Diefe Abhandlung hab ich mir erft von dem Herrn Ritter und beftändigen Secretär der kaiferl. Akademie Albert Euler, aus Petersburg, erbitten müffen. Sie ift nach dem eigenen Geftändnifs ihres Verfaffers die befte Arbeit, welche aus feiner Feder gefloffen ift; fie wird von ihrem Verfaffer nach den neueften Datis in franzöfifcher Sprache ganz umgearbeitet, und den fchönften und wichtigften Beytrag zu diefem 2ten Bande ausmachen.

Auf die im Eingang diefer Vorrede angezeigten Umftände, dafs nämlich in Zeit von drey Wochen

die-

dieses Werk gedruckt und auf die Meſſe geliefert werden muſste, hoffe ich, werden billige Richter Rückſicht nehmen, wenn wider alles Verhoffen noch einige Druckfehler ſollten ſtehen geblieben ſeyn. Vermiſst man übrigens in dem Vortrag dieſer Vorrede und in der Erklärung der Tafeln die nöthige Correctheit, welche ohnehin bey mathematiſchen Werken, wo man nur auf Deutlichkeit und Verſtändlichkeit ſieht, minder bedeutend iſt, ſo wird man um ſo mehr hier auf Nachſicht rechnen können, da der Herausgeber nicht allein kein gebohrner Deutſcher, ſondern auch bey der groſsen Eilfertigkeit den Vortheil der Muſe und der mehrmaligen Umarbeitung entbehren muſste.

Sternwarte auf Seeberg
    bey Gotha,   F. v. Zach.
den 16. May 1797.

Erster Abschnitt.

Allgemeine Betrachtungen über die Beftimmbarkeit einer Cometenbahn, und über die zur Beftimmung derfelben vorgefchlagenen Methoden.

§. 1.

Die Bahn eines Cometen um die Sonne aus einigen geocentrifchen Beobachtungen zu beftimmen, fchien felbft dem grofsen Newton nicht wenig fchwierig. Er nennt dies Problem *longe difficillimum*, deffen Auflöfung er auf verfchiedene Art verfucht habe, ehe er auf die fchöne Conftruction kam, die er in feinen *Princ. Phil. nat.* vorträgt. Newtons Conftruction ift vollkommen des Genies ihres Urhebers würdig: nur ift fie freylich mühfam, und führt erft durch viele Verfuche zum Ziele. Nach Newtons Zeiten haben fich mehrere der gröften Geometer mit diefer Aufgabe befchäftiget, die Unmöglichkeit einer directen völlig genauen Auflöfung gezeigt oder gefühlt, und eine grofse Menge von Methoden

den angegeben, wodurch man zur Kenntnifs der Elemente einer Cometenbahn gelangen kann. Einige dieser Methoden sind kürzer, andere länger, einige mehr, andere weniger genau; ja verschiedene, die ihre Erfinder oder andere Gelehrte als bequem und brauchbar angerühmt hatten, werden wieder von andern Mefskünstlern als völlig unnütz verworfen. Es scheint also allerdings interessant zu seyn, das Cometen-Problem nochmal nach seinen Schwierigkeiten darzulegen, und alle jene Methoden unter eine allgemeine Übersicht zu bringen, die ihren verschiedenen Werth im Ganzen schätzen lehrt, um sodann mit einiger Zuversicht den kürzesten und bequemsten Weg zur Bestimmung einer Cometenbahn wählen zu können.

§. 2.

Jede geocentrische Beobachtung eines Cometen giebt die Lage einer Gesichtslinie an, in der sich der Comet irgendwo zur Zeit dieser Beobachtung befand. Man kann sich bey jeder Beobachtung vorzüglich zwey Triangel gedenken. Einen zwischen den Mittelpuncten der Sonne, des Cometen und der Erde; einen andern zwischen den Mittelpuncten der Sonne, der Erde, und der Projection des Cometen auf die Ebene der Ecliptik. Vermöge der Beobachtung ist in beyden Triangeln nur eine Seite, die Distanz der Erde von der Sonne, und ein Winkel, der Winkel an der Erde, gegeben. Um diese Dreyecke auflösen, um den Ort des Cometen angeben zu können, mufs in einem von beyden noch eine Seite, oder ein Winkel gegeben werden, und dann werden beyde, da sie von einander abhängen, sogleich bestimmt. Dies ist

ist also die unbekannte Größe für jede Beobachtung, und dafür kann man nach Belieben den Winkel am Cometen, oder an der Sonne, oder den wahren, oder den curtirten Abstand des Cometen von der Erde, oder von der Sonne, annehmen.

§. 3.

Wenn die Cometen gleich nie Parabeln um die Sonne beschreiben, so weiß man doch, daß man das kleine Stück ihrer elliptischen Bahn, das in der Nähe der Sonne liegt, und worinn sie uns sichtbar sind, ohne Bedenken mit einer Parabel verwechseln kann. Ich nehme also die Cometenbahn als eine Parabel an, in deren Brennpunct der Mittelpunct der Sonne ist; und so liegen auch alle Puncte der Cometenbahn in einer durch den Mittelpunct der Sonne liegenden Ebene. Denke ich mir nun eine solche Ebene durch den Mittelpunct der Sonne gelegt, so wird durch jede Beobachtung die Lage einer Gesichtslinie, und also ein Punct auf dieser Ebene bestimmt. Durch zwey Puncte und den Brennpunct ist die Parabel schon gegeben: sollen drey durch die Beobachtungen auf der Ebene angegebene Puncte in eine Parabel fallen, so giebt es für jede angenommene Durchschnittslinie mit der Ecliptik nur eine bestimmte Inclination, und für eine angenommene Inclination nur eine bestimmte Lage der Knotenlinie dieser Ebene, in der dieß geschieht. Vier Beobachtungen endlich lassen weder die Inclination noch die Knotenlinie mehr willkührlich, sondern bestimmen beyde: und so ist die Cometenbahn, in so fern sie eine Parabel ist, durch vier Beobachtungen, ohne alle Rücksicht auf die Zwischenzeiten, völlig bestimmt.

§. 4.

§. 4.

Drey Beobachtungen würden hinreichend feyn, sobald man die Zwischenzeiten in Betrachtung zieht, und annimmt, daſs die um die Sonne beschriebenen Räume sich wie die Zeiten verhalten. Aber da nicht blos die Räume im Verhältniſs der Zwischenzeiten, sondern da diese Zwischenzeiten selbst bekannten Functionen aus den *radiis vectoribus* und der Chorde gleich sind, so ist die parabolische Cometenbahn durch drey Beobachtungen mehr als bestimmt: oder man wird in diesem Fall vier Gleichungen, und nur drey unbekannte Gröſsen haben.

§. 5.

Man kann sich von diesen vier Gleichungen leicht einen allgemeinen Begriff machen. Die drey unbekannten Gröſsen mögen die drey Abstände des Cometen von der Erde, seyn. Durch drey nicht in einer graden Linie liegende Puncte ist die Lage einer Ebene gegeben: folglich bestimmen zwey Abstände und der Mittelpunct der Sonne die Lage dieser Ebene und den dritten Abstand. Dies giebt die erste Gleichung. Die Bedingung, daſs die drey Örter des Cometen in einer Parabel liegen sollen, in deren Brennpunct sich der Mittelpunct der Sonne befindet, giebt die zweyte Gleichung. Und endlich die Vergleichung der Zwischenzeiten mit den *radiis vectoribus* und den Chorden, die beyden übrigen. Überhaupt wird man, wenn man n Beobachtungen nimmt, n unbekannte Gröſsen, und zu ihrer Bestimmung $3n-5$ Gleichungen haben: nemlich $n-2$ Gleichungen die von der Bedingung abhängen, daſs alle Örter des Cometen in einer durch den Mittelpunct der Sonne liegenden Ebene

Ebene feyn müſſen: $n-2$ Gleichungen, weil die Örter des Cometen in einer Parabel ſind, wovon die Sonne den Brennpunct einnimmt: und $n-1$ Gleichungen, weil die Zwiſchenzeiten bekannten Functionen der Chorden und Vectoren gleich ſind.

§. 6.

Bey dieſem groſsen Überfluſs von Gleichungen ſollte es vielleicht nicht ſchwer ſcheinen, eine Cometenbahn aus einigen geocentriſchen Beobachtungen auf eine directe Art mit geometriſcher Genauigkeit zu beſtimmen. Allein betrachtet man die Gleichungen ſelbſt, ſo ſind ſie ſo verwickelt, daſs die Kräfte der Algebra, und die Geduld des unverdroſſenſten Rechners dabey zu kurz kommen. Ich will die vier Gleichungen für den Fall, da man drey Beobachtungen braucht, herſetzen, und dabey, was mir am bequemſten ſcheint, die curtirten Diſtanzen des Cometen von der Erde als die unbekannten Gröſsen anſehen.

§. 7.

Ich nenne demnach
die drey Längen der Sonne A', A'', A''',
indem ich durch die Zahl der Striche $', '', '''$, unterſcheide, was zur erſten, zweyten und dritten Beobachtung gehört.

Die drey Längen des Cometen $\alpha', \alpha'', \alpha'''$
die Breiten des Cometen $\beta', \beta'', \beta'''$
die Abſtände der Erde von der Sonne R', R'', R'''
die Zeit zwiſchen der 1ſten und 2ten Beobachtung t'

die Zeit zwischen der 2ten und 3ten Beobachtung t''

die Zeit zwischen der 1sten und 3ten Beobachtung $T = t' + t''$.

Diefs sind die gegebenen Gröfsen. Nun heifsen ferner

die drey curtirten Abstände des Cometen von der Erde ϱ', ϱ'', ϱ'''.

Die Lage des Cometen gegen die Sonne werde jedesmal durch drey rechtwinklichte Coordinaten x, y, z bestimmt. x wird auf der Linie der Frühlingsnachtgleiche genommen: y senkrecht auf die Linie der Frühlingsnachtgleiche in der Ebene der Ecliptik gegen Osten, und z senkrecht über y, und über die Ebene der Ecliptik gegen Norden. Es ist demnach

$x = \varrho \cos \alpha - R \cos A$.
$y = \varrho \sin \alpha - R \sin A$.
$z = \varrho \tan \beta$.

so, dafs x, y, z, blos von ϱ abhängen. Nennen wir nun

die drey Abstände des Cometen von der Sonne r', r'', r''',

so ist

$r' = \sqrt{x'^2 + y'^2 + z'^2}$
$r'' = \sqrt{x''^2 + y''^2 + z''^2}$
$r''' = \sqrt{x'''^2 + y'''^2 + z'''^2}$

Ferner

die Chorde der Cometenbahn zwischen der 1ten und 2ten Beobachtung k'

zwischen der 1ten und 3ten Beobachtung k''

wobey

$k' = \sqrt{(x''-x')^2 + (y''-y')^2 + (z''-z')^2}$
$k'' = \sqrt{(x'''-x')^2 + (y'''-y')^2 + (z'''-z')^2}$

§. 8.

§. 8.

Damit lassen sich nun die vier Gleichungen leicht angeben. Die Bedingung, daſs die drey Örter des Cometen in einer durch den Mittelpunct der Sonne gehenden Ebene liegen, giebt die Gleichung

$$\frac{y''z' - y'z''}{x''y' - y''x'} = \frac{y'''z' - y'z'''}{x'''y' - y'''x'}$$

eine Gleichung, die bey wirklicher Entwickelung starke Reductionen zuläſst, und einfach genug ist.

Die zweyte Gleichung beruhet, wie gesagt, auf dem Umstand, daſs die drey Örter des Cometen in einer Parabel liegen, in deren Brennpunct sich der Mittelpunct der Sonne befindet. Also ist

$$\frac{-2r' + \sqrt{(r'+r'')^2 - k'^2}}{\sqrt{k'^2 - (r''-r')^2}} = \frac{-2r' + \sqrt{(r'+r''')^2 - k''^2}}{\sqrt{k''^2 - (r'''-r')^2}}$$

Die übrigen beyden Gleichungen finden sich aus der Vergleichung der Chorden und Abstände von der Sonne mit den beobachteten Zwischenzeiten; und sie sind

$$t' = \frac{\left(\frac{r'+r''+k'}{2}\right)^{\frac{3}{2}} - \left(\frac{r'+r''-k'}{2}\right)^{\frac{3}{2}}}{m \, 3 \sqrt{2}}$$

$$T = \frac{\left(\frac{r'+r'''+k''}{2}\right)^{\frac{3}{2}} - \left(\frac{r'+r'''-k''}{2}\right)^{\frac{3}{2}}}{m \, 3 \sqrt{2}}$$

wobey

wobey m die bekannte von Euler und Lambert gebrauchte und angegebene Größe bedeutet.*)

§. 9.

Man darf diese vier Gleichungen auch nur etwas aufmerksam betrachten, um sich zu überzeugen, daß es im gegenwärtigen Zustand der Analyse noch ganz unmöglich ist, aus ihnen die drey unbekannten Größen ϱ', ϱ'', ϱ''' unmittelbar zu bestimmen. Denn wenn auch die Geduld eines Rechners so weit reichte, um diese Gleichungen völlig zu entwickeln, alle Wurzelgrößen wegzuschaffen, und für r, k, x, y, z, ihre Werthe in ϱ zu setzen, so wird man doch am Ende auf Gleichungen von so hohem Grade verfallen, worinn die drey unbekannten Größen, oder, wenn man durch die erste Gleichung eine wegschafft, wenigstens zwey derselben mit einander vermengt sind, daß man mit diesen Gleichungen durchaus nichts anfangen kann. Auf dieser Vermengung der unbekannten Größen beruht eigentlich die unübersteigliche Schwierigkeit des Problems. Wäre die zweyte Gleichung in §. 8. so einfach, als die erste, und ließe sich also alles auf eine unbekannte Größe bringen, so würde man leicht Mittel finden können, die übrigen beyden Gleichungen auf eine bequeme und brauchbare Art aufzulösen, sie möchten auch noch verwickelter seyn, als sie das schöne Lambertsche Theorem angiebt. Ja es ließe sich voraussehen, daß man auf diese Art zuletzt auf eine bloße linearische Gleichung

---

*) Mir ist nicht bekannt, daß man diese Gleichungen alle vier in dieser ihrer einfachsten Form irgendwo angegeben habe.

chung würde kommen können, da das Problem für drey Beobachtungen schon mehr als bestimmt ist.

§. 10.

Bey dieser Unmöglichkeit, die Gleichungen für die Cometenbahn gradezu aufzulösen, haben die Mefskünstler und Astronomen auf andere Mittel denken müssen, die Bahn eines Cometen aus den Beobachtungen zu bestimmen. Man hat deswegen zu falschen Voraussetzungen, Näherungen, und Umwegen seine Zuflucht genommen, die Elemente einer Cometenbahn kennen zu lernen. Diejenige Methode, die Herr Pingré gleichsam vorzugsweise die Methode der falschen Voraussetzungen nennt, und die, so viel ich weifs, von la Caille zuerst umständlich angegeben ist, mufs wohl, als die kunstloseste zuerst angeführt werden. Man nimmt nemlich in der ersten Beobachtung einen willkührlichen Abstand des Cometen von der Erde, oder von der Sonne an, und bestimmt dann durch Versuche einen Abstand in der 3ten Beobachtung von der Beschaffenheit, dafs der Comet nach den parabolischen Bewegungsgesetzen grade zwischen den beyden Beobachtungen die nemliche Zeit brauchen mufste, die die Beobachtungen angeben. Man berechnet darauf in der so bestimmten Bahn die mittlere Beobachtung, und sieht, ob sie mehr oder weniger mit der Wahrheit zutrift. Man nimmt so lange für die erste Beobachtung neue Werthe an, und wiederholt für jede neue Annahme die ganze Arbeit, bis man endlich zwey Abstände in der ersten und dritten Beobachtung gefunden hat, mit denen auch die mittlere Beobachtung in einer Parabel nach den verflossenen Zwischenzeiten zustimmt. Aufser de la Caille haben Hr. Pingré und Hr. de la Lande diefe Methode umftändlich erläutert, deren fich die Franzofen, ehe de la Place's Auflöfung bekannt wurde, faft ausfchliefslich zur Berechnung der Cometen bedienten. Den deutfchen Mefskünftlern ift fie immer äufserft langweilig, weitläuftig und ermüdend vorgekommen. Doch mufs man geftehen, dafs fie in der That nicht unbequem ift, fobald man fich nur erft den wahren Werthen der hier willkührlich angenommen unbekannten Gröfsen etwas genähert hat: und ich bemerke nur noch, dafs fich das von jenen Gelehrten vorgefchriebene Verfahren beträchtlich abkürzen laffe, wenn man das Lambertfche Theorem dabey anbringt, woran man bisher nicht gedacht zu haben fcheint.

§. 11.

Alle übrige Mathematiker, die fich mit der indirecten Auflöfung des Cometenproblems abgegeben haben, find darauf bedacht gewefen, durch einige von der Wahrheit nicht fehr abweichende Hypothefen alles auf eine unbekannte Gröfse, z. B. auf einen curtirten oder wirklichen Abftand zu bringen. Zweyerley folcher Sätze find hier vorzüglich gebraucht worden. Entweder 1) man fetzte voraus, das Stück der Cometenbahn zwifchen den drey Beobachtungen, die man nicht fehr entfernt von einander zur Rechnung wählte, fey eine grade, mit gleichförmiger Gefchwindigkeit durchlaufene Linie: oder man nahm auch nur 2) an, dafs die Chorde diefes Stücks der Cometenbahn von dem mittlern *radius vector* oder einer andern der Lage nach bekannten Linie im Verhältnifs der Zwifchenzeiten gefchnitten werde. Beyde

Annah-

Annahmen find nicht völlig wahr, und befonders ift die erfte unficher: allein durch eine jede von ihnen wird man in den Stand gefetzt, aus einem einzigen Abftande die beyden übrigen, die Chorde und mithin die ganze Bahn zu beftimmen. Um nun diefen Abftand zu finden, bedient man fich auch der Verfuche, oder der fogenannten *regula falfi*, giebt ihm einen willkührlichen Werth, und fieht nach einer kürzern oder längern Rechnung, ob diefer angenommene Werth mehr oder weniger mit der Wahrheit übereinftimmt. Von Verfuchen geht man zu neuen Verfuchen über, bis man endlich der Wahrheit fo nahe gekommen ift, dafs man das übrige durch eine Interpolation nachholen kann. Statt der Rechnung kann man fich hier freylich auch mit einer Conftruction begnügen: aber hier mufs man alle die vergeblichen Verfuche, die man fonft in Berechnungen macht, in der Zeichnung vornehmen: ein Umftand, der fie manchem eben nicht als bequemer empfehlen wird.

§. 12.

Wir wollen die vornehmften diefer indirecten Conftructions oder Berechnungsarten hier kurz betrachten. Boscovich nimmt grade zu an, das Stück der Cometenbahn zwifchen den drey Beobachtungen fey eine gerade Linie, gleichförmig mit der Gefchwindigkeit, die der Comet in der Mitte diefes Stücks feiner Bahn hatte, befchrieben. Lambert fetzt voraus, der *radius vector* in der zweyten Beobachtung fchneide die Chorde zwifchen den beyden Oertern des Cometen in der erften und dritten Beobachtung im Verhältnifs der Zwifchenzeiten, und die Länge diefer Chorde vergleicht er völlig genau

mit

mit der Zeit, durch sein bekanntes schönes Theorem. Newton hingegen schneidet die Chorde viel genauer, als es durch den mittlern *radius vector* geschieht, in Verhältnis der Zeiten: die Vergleichung der Länge dieser Chorde mit der Zeit geschieht auch durch ein Theorem, das im Grunde mit dem Lambertschen viel Aehnlichkeit hat, nur erlaubt er sich hier freylich ein *quam proxime*. So laſſen ſich dieſe Methoden im weſentlichen vergleichen, und deswegen iſt die Newtonſche Conſtruction die genaueſte: Boscovich ſeine die bequemſte, Lamberts Conſtruction hält in beyder Abſicht das Mittel. Man nimmt alſo einen willkührlichen Abſtand des Cometen von der Erde in der mittlern Beobachtung an, beſtimmt durch jene Vorausſetzungen Lage und Länge der Chorde, und vergleicht ſie mit der Zeit, worin ſie von dem Cometen beſchrieben worden iſt: man wiederholt dieſen Verſuch ſo lange, bis die beobachtete Zwiſchenzeit und die Länge der Chorde mit den paraboliſchen Bewegungsgeſetzen übereinſtimmen. Auch Euler bedient sich der Vorausſetzung, daſs der mittlere *radius vector* die Chorde im Verhältnis der Zeiten ſchneide: aber er vergiſst, unmittelbar den von dem Cometen zwiſchen der erſten und dritten Beobachtung beſchriebenen Raum mit der beobachteten Zwischenzeit zu vergleichen: ſondern er beſtimmt bey jedem Verſuch die ganze Bahn, nimmt dieſe, ſelbſt dann wenn er noch weit von der Wahrheit entfernt iſt, nicht für paraboliſch, ſondern überhaupt nur für einen Kegelſchnitt an, und ob der gefundene Kegelſchnitt mehr oder weniger mit der Wahrheit übereinſtimmt, ſieht er erſt durch Berechnung einer vierten Beobachtung aus den gefundenen Elementen.

Eine

Eine ungeheure Arbeit! deren sich auch, so viel ich weiss, nach Eulern kein Astronom unterzogen hat.*)

§. 13.

Um diese verschiedenen indirecten Constructions- oder Berechnungsarten mit der la Caillischen des §. 10. zu vergleichen, so bemerke man, dass durch die Voraussetzungen von §. 11. ein Theil der Versuche ganz unnöthig wird, die de la Caille machen muss. Nach de la Caille Verfahren muss man erst eine Menge Versuche machen, um der Zwischenzeit zweyer Beobachtungen genug zu thun: und dann diese Versuche von neuem wiederholen, bis man auch die dritte Beobachtung mit der jedesmal gefundenen Parabel in Uebereinstimmung findet. In den im vorigen §. angegebenen Methoden ist es aber genug, einen Abstand zu finden, der die beobachtete Zwischenzeit gehörig angiebt: denn sodann wird die mittlere Beobachtung vermöge jener Voraus-

---

*) Euler hat auch diese Methode, die er in der *Theoria motuum planet. et comet.* angegeben hatte, nachmals selbst nicht mehr gebraucht, sondern sich anderer Mittel bedient, die genäherten Bestimmungsstücke einer Cometenbahn zu berechnen, die mir aber indessen auch nicht weniger als kurz oder bequem scheinen. S. *Recherches et calculs sur la vraie orbite elliptique de la comète de l'an 1769. Petersb. 1770, 4.* Ich führe diese deswegen nicht umständlich an, so wenig als Newtons erste Methode in seinem kleinen Buche *de mundi systemate*, von der ich mir zu beweisen getraue, dass Newton selbst dadurch nie die Bahn irgend eines Cometen bestimmt habe, und dass sich auch schwerlich die Bahn eines Cometen dadurch bestimmen lasse.

ausfetzung schon von selbst sehr nahe zustimmen. Diefs erleichtert nun die Arbeit sehr. Hingegen kann man durch la Caille Verfahren die Bahn genau bestimmen: hier hingegen bleibt die Bestimmung immer nur beyläufig, 1) weil die Voraussetzung der geraden gleichförmigen Bewegung oder des Schnittes der Chorde im Verhältnifs der Zeiten nicht ganz wahr ist, 2) weil sich nur einander nahe Beobachtungen dabey brauchen lassen, da die Zwischenzeit nicht grofs seyn darf, wenn jene Voraussetzungen nicht gar zu sehr von der Wahrheit abweichen sollen. Der Einflufs der unvermeidlichen Fehler der Beobachtungen wird aber auf die Bestimmung der ganzen Bahn um so viel gröfser, je kleiner die Zwischenzeiten sind.

§. 14.

Aller der vielen ermüdenden Versuche der bisher angeführten Methoden überhoben zu seyn, ist längst der Wunsch der Astronomen gewesen, und deswegen gehört die Aufgabe, aus den geocentrischen Beobachtungen die Bahn eines Cometen ohne Versuche geradezu zu bestimmen, zu den berühmtesten der neueren Astronomie. Dafs sich diese Aufgabe nicht allgemein auflösen lasse, ist oben §. 9. bey den vier Gleichungen gezeigt worden. Man hat also theils zu ähnlichen, theils zu neuen nicht vollkommen wahren Annahmen, wie bey den indirecten Methoden seine Zuflucht nehmen, oder die Zwischenzeiten unendlich klein voraussetzen müssen. Aller Scharfsinn des Genies, alle Kunstgriffe der Algebra sind dabey aufgeboten, und so haben Lambert, Boscovich, Hennert, du Sejour, de la Gran-

Grange, de la Place, u. a. m. Auflösungen dieses schweren Problems gegeben.

§. 15.

Lambert glaubte mit einer Gleichung des 6ten Grades auszureichen: sie ist aber eigentlich, wie Herr de la Grange zu zeigen gesucht hat, von einem höhern Grade, wenn man nicht eine Voraussetzung gelten lassen will, die Herr de la Grange, ich weiß nicht, ob mit Recht, nicht für ganz zulässig hält. Boscovich hat unter denselben Voraussetzungen, die er sich bey seiner Construction erlaubt, die Aufgabe auf eine Gleichung des 6ten Grades gebracht, wodurch man auch der Wahrheit sehr nahe kommen kann, wenn die Beobachtungen nur so genau sind, daß man sie nahe genug bey einander annehmen darf. Lamberts zweyte Methode gründet sich auf eine scharfsinnige Betrachtung der scheinbaren Cometenbahn, — und ist unbrauchbar. Weder Herrn Pingré, noch mir, der ich sie auch versucht habe, hat sie glücken wollen: theils weil sie die Beobachtungen genauer voraus setzt, als diese je sind: theils aber auch, weil in der Auflösung selbst zu vieles angenommen wird, was sich mehr oder weniger von der Wahrheit entfernt. *) Den von der Berliner Akademie auf die Auflösung dieser Aufgabe gesetzten Preis hat Hr. v. Tempelhof und Herr v. Condorcet, und das Accessit

---

*) Sehr wahr bleibt indessen der schöne Lehrsatz, den Lambert bey dieser Gelegenheit fand, daß man aus der Abweichung der scheinbaren Cometenbahn von einem größten Kreise beurtheilen kann, ob der Comet der Sonne näher sey, als die Erde, oder nicht.

Accessit Herr Hennert erhalten. Ich gestehe, daſs ich dieſe Auflöſungen nicht alle hinreichend kenne: aber ich finde eben nicht, daſs die practiſchen Aſtronomen eine davon bequem gefunden, und zum wirklichen Gebrauch angewendet hätten. Allein eben dieſer Preis ſcheint die ſchönen, gleichſam wetteifernden Unterſuchungen der Herrn de la Grange, du Sejour, und de la Place veranlaſſet zu haben. Hr. de la Grange hat drey Auflöſungen des Problems gegeben, alle drey durch Gleichungen des 6ten, 7ten, 8ten, oder höherer Grade. Die erſte ſcheint er ſelbſt nachher für weniger genau zu halten: wirklich hat ſich nach Herr de la Place Erinuerung ein kleiner Rechnungsfehler eingeſchlichen, und Herr Pingré konnte bey der Anwendung nichts befriedigendes herausbringen. Die andere erfordert ſechs Beobachtungen die paarweiſe ſehr nahe bey einander ſeyn müſſen; und führt nach weitläuftigen Rechnungen auf eine Gleichung des ſechſten Grades: ſie iſt indeſs allerdings brauchbar, und Herr Schulze hat dadurch die Bahn des Cometen von 1774 wenigſtens ziemlich nahe beſtimmt. Die dritte, die von Seiten der analytiſchen Behandlung dem Kenner die gröſte Bewunderung abnöthigen wird, erfordert äuſserſt mühſame vorbereitende Rechnungen, und dann doch noch die Auflöſung einer Gleichung des ſiebenten oder achten Grades. Herr du Sejour hat alles auf Gleichungen des zweyten Grades zu bringen geſucht: mit welchem Erfolge, das werden wir im zweyten Abſchnitte ſehen. Herr de la Place endlich hat durch eine Art von Interpolation aus mehrern unter ſich entferntern Beobachtungen die erſten und zweyten Differentialien der ſcheinbaren geocentriſchen Bewegung zu erhalten gewuſst, um die Zwiſchenzeiten

ſo

so klein annehmen zu können, wie er wollte. Seine Auflösung geschieht auch durch Gleichungen des sechsten oder höherer Grade, und sie würde vielleicht wenig zu verlangen übrig laſſen, wenn nicht eben die Vorbereitungen, oder die Art von Interpolation oft viel mehr Zeit, Mühe und Rechnungen erforderte, als die Auflösung selbst. *)

§. 16.

Man wird sich von den brauchbarsten unter diesen Auflösungen ohne allen weitläuftigen Calcul leicht einen allgemeinen Begriff machen können. Dadurch, daſs man die Zwischenzeiten als unendlich klein betrachtet, nimmt man von selbst, wie Herr Boscovich, schon an, das kleine Stück der Cometenbahn zwischen den Beobachtungen sey eine gerade, mit gleichförmiger Geschwindigkeit durchlaufene Linie. Damit laſſen sich ϱ', ϱ''' durch eine linearische Gleichung aus ϱ'' finden: oder es ist, wenn H und G bekannte Coefficienten bedeuten: $\varrho' = H \varrho''$, $\varrho''' = G \varrho''$. So läſst sich also auch k'' blos durch ϱ'' ausdrücken. Die Vergleichung der Zeit mit dem

---

*) Man vergleiche über diesen Paragraphen, wenn man näher von den angeführten Methoden unterrichtet seyn will: *Lambert insigniores orb. com. propr.* p. 78 sq. *Scherfer institutiones astr. theor.* p. 226 - 30. *Lambert* astronomisches Jahrbuch 1777 S. 127. *Mém. de l'Acad. Roy. de Berlin* 1771. *De la Grange Mem. de l'Acad. Roy. de Berlin.* 1778, p. 124. 1783, p. 296. Astronom. Jahrb. 1783 p. 166. *Du Sejour Mém. de l'Acad. Roy. des Sciences de Paris* 1779 p. 51-168. *De la Place Mem. de l'Acad. Roy. des Sciences de Paris.* 1780. p. 13 - 73.

dem durchlaufenen Raum verwandelt sich sodann in den simpeln Ausdruck

$$k'' \sqrt{r''} = m\,T$$

Schafft man hier alle Irrational-Gröfsen weg, so wird man am Ende immer auf eine Gleichung kommen, die sich so ausdrücken läfst: Das Biquadrat der durchlaufenen geraden Linie, mit dem Quadrat des mittlern Radius Vector multiplicirt, ist der vierten Potenz der Zeit in einen beständigen Coefficienten multiplicirt gleich. Diese Gleichung ist also vom sechsten Grade, und sie ist die einfachste, worauf sich das Cometenproblem reduciren läfst.

§. 17.

So sehr ich viele unter diesen directen Auflösungen bewundere, und so wenig ich über ihren Werth zu entscheiden, mir anmaßen will, so wird man mir doch leicht zugeben: 1) dafs alle nur eine beyläufige, nochmals zu berichtigende Bestimmung der Cometenbahn geben, da bey allen Voraussetzungen vorkommen, die nicht vollkommen wahr sind, oder Gröfsen vernachläfsiget werden, die nicht unendlich klein sind. 2) Dafs alle, freylich in sehr verschiedenem Verhältnifs, noch immer weit mühsamer und weitläuftiger sind, als man bey einer blos beyläufigen Bestimmung einer Cometenbahn wünschen oder erwarten möchte. 3) Dafs, da Gleichungen, die den 4ten Grad übersteigen, bekanntlich nur durch Versuche und Näherungen aufzulösen sind, hier aber Gleichungen des 6ten, 7ten, 8ten, und höherer Grade vorkommen, fast alle doch am Ende nur durch mehrere nähernde Versuche das verlangte Resultat geben. Diese Mängel, wenn ich sie so nennen darf, haben vielleicht

leicht die Aſtronomen abgehalten, von einer dieſer directen Methoden, die des Herrn de la Place etwa ausgenommen, wirklichen Gebrauch zu machen, und ſie ſind lieber bey ihren ältern indirecten Conſtructions- und Berechnungsarten geblieben, die ſie, ihrer Weitläuftigkeit unerachtet noch immer eben ſo bequem fanden.

§. 18.

Wirklich macht auch das indirecte einer Berechnungsart ſie deswegen noch grade nicht verwerflich. Es kommen im aſtronomiſchen, und überhaupt im mathematiſchen Calcul oft Fälle vor, wo man abſichtlich eine indirecte Methode auch dann ihrer gröſseren Leichtigkeit und Bequemlichkeit wegen bey Rechnungen wählt, wenn man auf einen directen Wege daſſelbe hätte finden können. Daſs man ſich alſo über die gewöhnliche Art, durch nähernde Verſuche, und willkührliche Annahmen unbekannter Gröſsen, Cometenbahnen berechnen zu müſſen, ſo ſehr beſchwert, daſs man ſo emſig nach einer ſicherern und beſſern ſucht, liegt wohl nicht eigentlich darinn, daſs man hier nicht gradehin das Geſuchte findet, ſondern daſs dieſe Verſuche gar zu beſchwerlich, mühſam und weitläuftig ſind, und daſs man ihrer viele ganz umſonſt, und überhaupt gar zu viele machen muſs, ehe man der Wahrheit nahe genug kömmt. Der Geometer und Analyſt wird immer den Werth einer directen Auflöſung zu ſchätzen wiſſen, aber der practiſche Rechner wird ihr glaube ich mit Recht eine indirecte vorziehen, ſobald er mehr Leichtigkeit und Bequemlichkeit dabey findet. Selbſt Herr de la Place hat ſeine directe Methode im Grunde zum wirklichen Gebrauch in eine indirecte verwandelt.

§. 19.

§. 19.

Der Werth einer Methode, die Bahn eines Cometen zu berechnen, muſs nach dem zuſammengeſetzten Verhältniſs ihrer Kürze, und der Genauigkeit ihres Reſultats geſchätzt werden. Alle Berechnungsarten, erfordern nochmals noch eine weitere Berichtigung: dieſe wird aber um ſo viel leichter gefunden werden, je näher die erſten Reſultate ſchon der Wahrheit kommen. Wenn man nach dieſen Grundſätzen die im 3ten Abſchnitt angegebene Methode beurtheilt, ſo wird ſie, wie ich mir ſchmeichle, vor allen übrigen den Vorzug verdienen. Aber vorher müſſen wir noch die Gleichungen des erſten und zweyten Grades betrachten, die man zur Auflöſung des Cometenproblems vorgeſchlagen hat, und die, wenn ſie wirklich brauchbar wären, uns auf einmal der Mühe überheben könnten, nach einer neuen Methode zu ſuchen, oder wegen der Auswahl unter den ſchon vorhandenen verlegen zu ſeyn, indem ſie unwiderſprechlich die einfachſte und gemächlichſte Art darbieten würden, die Bahn eines Cometen zu berechnen.

Zweyter Abschnitt.

Ueber einige Gleichungen des erften und zweyten Grades, die man zur Beftimmung der Cometenbahnen vorgefchlagen hat.

§. 20.

Die nicht völlig wahren Vorausfetzungen §. 11, worauf fich die directen und indirecten Auflöfungen des Cometenproblems gründen, führen geometrifch betrachtet weiter, als man in den bisher hergezählten Methoden gegangen ift. Wenn man annimmt, das Stück der Cometenbahn, das zwifchen drey Beobachtungen von dem Cometen befchrieben worden, fey eine gerade gleichförmig durchlaufene Linie, fo laffen fich die Diftanzen des Cometen von der Erde durch Gleichungen des erften Grades finden. Die Vorausfetzung, dafs die Chorde vom mittlern Radius Vector im Verhältnifs der Zeiten gefchnitten werde, führt zu Gleichungen des zweyten Grades, eben diefe Diftanzen zu beftimmen. Diefe Gleichungen verdienen um fo mehr eine nähere Unterfuchung, da fie theils nicht blos von ihren erften Erfindern, fondern auch von andern Gelehrten als fo brauchbar und vorzüglich anempfohlen werden, was fie doch nicht verdienen: theils von andern unrichtig beurtheilt find, und man aus ihrer Verwerflichkeit Schlüffe gezogen hat, die fich nicht daraus folgern laffen.

§. 21.

Das Problem, durch drey gegebene gerade Linien eine vierte zu ziehen, die von ihnen im gegebenen Verhältnifs gefchnitten wird, ift eine unbeftimmte Aufgabe. Man weifs, dafs alle Tangenten derjenigen Parabel diefer Forderung genug thun, von der die drey gegebenen geraden Linien gleichfalls Tangenten find, und die durch eine einzige auf vorgefchriebene Art gezogene gerade Linie, folglich durch vier Tangenten völlig gegeben ift. Aber unbeftimmt bleibt die Aufgabe nur, wenn die gegebenen drey geraden Linien in einer Ebene liegen. Liegen fie nicht in einer Ebene, fo giebt es überhaupt für jeden angenomnen Punct auf einer diefer geraden Linien, nur eine einzige gerade Linie, die auch von den übrigen beyden gefchnitten wird. Kömmt nun die Bedingung hinzu, dafs fie im gegebenen Verhältnifs gefchnitten werden foll, fo ift die Lage des Puncts, wodurch fie gezogen werden mufs, völlig und zwar durch eine Gleichung des erften Grades gegeben. Bouguer nahm alfo an, der Comet habe während dreyer nicht weit von einander entfernter Beobachtungen eine gerade Linie gleichförmig durchlaufen: diefe gerade Linie mufste von den drey durch die Beobachtungen angegebenen, nicht in einer Ebene liegenden Gefichtslinien im Verhältnifs der Zwifchenzeiten gefchnitten werden: und fo glaubte er durch diefe Aufgabe die Distanzen des Cometen von der Erde, mithin die ganze Laufbahn, ja felbft die Natur derfelben beftimmen zu können.*)

§. 22.

*) Nach diefer Bouguerfchen Vorausfetzung, und der obigen Bezeichnung hätte man nemlich die drey Gleichungen

$$(x'-x'')$$

§. 22.

Allein es kömmt noch ein Fall vor, wo die Aufgabe, wenn gleich die Linien nicht in einer Ebene liegen, wieder unbeſtimmt wird. Immer nemlich bleibt es wahr, daſs ſodann durch jeden angenomnen Punct auf einer dieſer Linien nie mehr als eine einzige gerade Linie*) gezogen werden kann, die auch von den übrigen geſchnitten wird. Aber es giebt einen Fall, wo die durch jeden beliebigen Punct auf ſolche Art gezogene gerade Linien alle in **einerley** Verhältniſs geſchnitten werden. Dieſer Fall tritt dann ein, wenn die drey gegebenen geraden Linien, aſtronomiſch zu reden, verlängert in einen gröſsten Kreis der Sphäre treffen: oder geometriſch, wenn zwey Linien, die man durch einen beliebigen Punct auf einer dieſer gegebenen Linien mit den übrigen beyden parallel zieht, mit dieſer gegebenen geraden Linie **in einer Ebene** ſind. Dieſs geſchieht nun immer, wenn nur zwey

$$(x'-x'') : (x''-x''') = t' : t''$$
$$(y'-y'') : (y''-y''') = t' : t''$$
$$(z'-z'') : (z''-z''') = t' : t''$$

woraus ϱ', ϱ'', ϱ''', blos durch lineariſche Gleichungen gefunden werden können, und da die hieraus folgenden Werthe von ϱ' und ϱ''' von der paraboliſchen Hypotheſe ganz unabhängig ſind, ſo könnte nun aus ϱ', ϱ''' und der beobachteten Zwiſchenzeit, nicht allein die Lage und Abmeſſung, ſondern auch die Art des Kegelſchnitts, den der Comet beſchrieben hat, beſtimmt werden, wenn man anders die ſo gefundenen Werthe von ϱ', und ϱ''', als richtig annehmen will.

*) Sind die drey gegebenen geraden Linien nicht in einer Ebene, aber alle drey einander parallel, ſo läſst ſich gar keine gerade Linie ziehn, die von allen dreyen geſchnitten wird.

zwey gerade Linien in dem nemlichen Verhältnifs von
den drey gegebenen geraden Linien gefchnitten werden.
Wäre alfo auch das Stück der Erdbahn zwifchen den drey
Beobachtungen eine gerade gleichförmig durchlaufene Linie, fo würde die Bouguerfche Aufgabe unbeftimmt werden: denn fodann würde fowohl die gerade Linie, die die
Erde befchrieben, als die gerade Linie, die der Comet
durchlaufen hat, in dem nemlichen Verhältnifs von den
Gefichtslinien gefchnitten. Wenn Bouguer alfo die Cometenbahn als geradlinigt und gleichförmig durchlaufen
vorausfetzt, fo konnte er doch die Diftanzen des Cometen von der Erde nur in fo fern durch feine Aufgabe beftimmen, als er die Erdbahn zugleich wirklich als krumm
und ungleichförmig durchlaufen beybehielt; oder vielmehr, diefe Diftanzen wurden blofs durch die Krümmung, und ungleiche Bewegung der Erde beftimmt.*)
Diefs geht nun durchaus nicht an: denn wenn die Krümmung der Erdbahn alles beftimmen foll, fo darf die gewöhnlich eben fo grofse, oft noch gröfsere Krümmung

der

---

*) Entwickelt man nehmlich die in der Anmerkung zu §. 20.
gegebenen drey Gleichungen, und erinnert fich, es fey,
wenn die Erde auch eine gerade Linie mit gleichförmiger
Gefchwindigkeit durchlaufen hat,

$(R' \cos A' - R'' \cos A'') : (R'' \cos A'' - R''' \cos A''') = t' : t''.$
$(R' \sin A' - R'' \sin A'') : (R'' \sin A'' - R''' \sin A''') = t' : t''.$

fo werden die drey Gleichungen

$(\varrho' \cos \alpha' - \varrho'' \cos \alpha'') : (\varrho'' \cos \alpha'' - \varrho''' \cos \alpha''') = t' : t''.$
$(\varrho' \sin \alpha' - \varrho'' \sin \alpha'') : (\varrho'' \sin \alpha'' - \varrho''' \sin \alpha''') = t' : t''.$
$(\varrho' \tan \beta' - \varrho'' \tan \beta'') : (\varrho'' \tan \beta'' - \varrho''' \tan \beta''') = t' : t''.$

woraus fich, wie man leicht überfieht, nur das Verhält-
nifs von ϱ', ϱ'', ϱ''', zu einander, nicht ihr Werth beftimmen läfst.

der Cometenbahn nicht aus der Acht gelaßen werden, und so wird man einen sonst nicht gleich deutlichen Ausdruck Lamberts verstehen lernen, wenn er sagt, Bouguer habe eben durch den kleinen *Sinus Versus* $d\,b$ Fig. 1. die Distanz des Cometen von der Erde finden wollen. Auch wird man sich nun nicht wundern, daſs Hr. de la Grange *) gefunden hat, Bouguers Aufgabe sey auch noch dann nicht anzuwenden, wenn man die Zwischenzeiten der Beobachtungen unendlich klein setzt: denn wenn hier gleich das Stück der Cometenbahn unendlich wenig von einer geraden gleichförmig durchlaufenen Linie abweicht, so ist auch das Stück der Erdbahn wieder unendlich nahe eine gerade gleichförmig durchlaufene Linie, und so sind das, wodurch die Auflösung eigentlich bestimmt, und das, was bey der Auflösung als unendlich klein vernachläſſiget wird, Gröſsen von einerley Ordnung. Der Schluſs dieses groſsen Geometers, daſs es durchaus nicht erlaubt sey, ein Stück der Cometenbahn auch nur zur Näherung als geradlinigt anzunehmen, wenn man drey Beobachtungen gebraucht, erhält dadurch seine eingeschränktere Bedeutung: denn wenn man ihn, wie Hr. Pingré, allgemein nimmt, so sehe ich nicht, wie z. B. Hr. Boscovichs Construction ein der Wahrheit so nahe kommendes Resultat geben könnte, von der sich übrigens leicht zeigen läſst, daſs sie bey unendlich kleinen Zwischenzeiten völlig genau ist. **) — Und so wird es

---

*) *Mem. de l'Acad. de Berlin Année 1778. p. 134. 135.*

**) Boscovich nemlich setzt nur die Krümmung des kleinen Stücks der Bahn gegen die Länge dieses Stücks gerechnet, und den kleinen Unterschied der Geschwindigkeit gegen die ganze Bewegung = 0, und dieſs geht allerdings an. Aber

es nun auch begreiflich, wie Bouguer felbſt, bey Anwendung feiner Methode auf den Cometen von 1729, noch fo glücklich war. Denn da gerade zufälliger Weife diefer Comet fo weit von der Sonne entfernt bleibt, fo ift ein Bogen der Erdbahn vielfach krümmer, als ein in derfelben Zeit befchriebener Bogen der Cometenbahn: und fo konnte hier die Krümmung bey diefer aus der Acht gelaſſen, und doch die Diſtanz des Cometen von der Erde durch die Krümmung jener ziemlich nahe beſtimmt werden. Bouguers Methode giebt alfo nur dann etwas der Wahrheit nahe kommendes, wenn der Comet vielfach weiter von der Sonne entfernt ift, als die Erde, und alfo fehr grofse Bögen der Erdbahn, und fehr kleine Bögen der Cometenbahn in denfelben Zeiten befchrieben werden. In allen übrigen Fällen ift fie völlig unbrauchbar.

§. 23.

Aber man darf nicht die Krümmung und Ungleichheit der Bewegung des Cometen, gegen die der Bewegung der Erde mit Bouguer als unendlich klein anfehen. Herrn de la Grange Betrachtung über den Krümmungskreis gehört alfo wirklich hier gar nicht her. Eben fo wenig fcheint mir des Herrn de la Place Einwurf gegen die Boscovichfche Methode wichtig zu feyn, wenn er fagt, man könne dadurch zuweilen einen Cometen rückläufig finden, der wirklich rechtläufig fey, und fo auch umgekehrt. Denn da Boscovichs Methode auf eine Gleichung des 6ten Grades führt oder beruhet, die mehrere reelle Wurzeln haben kann, und nothwendig zwey haben muſs, fo kann man in der Rechnung leicht auf die unrechte Wurzel treffen. Eine Eigenfchaft des Problems, kein Fehler der Methode, den Herr de la Place auch nur durch eine überflüfsige Gleichung vermeidet, die er die Verficherungs-Gleichung nennt.

§. 23.

Ein ganz ähnliches Urtheil, und aus ganz ähnlichen Gründen wird eine andere in der Cometentheorie berühmt gewordene Aufgabe, uns abnöthigen, diejenige nemlich: wenn vier gerade Linien gegeben sind, eine fünfte zuziehen, die von ihnen im gegebenen Verhältnifs geschnitten wird. Wreen, Newton, Gregory, Cassini, und Lambert haben Auflösungen dieser Aufgabe gegeben, und man hat allgemein vorgeschlagen, zur Näherung die Bahn eines Cometen zwischen vier nicht weit von einander entfernten Beobachtungen als geradlinigt und gleichförmig durchlaufen anzunehmen, und so aus vier beobachteten Längen *) die curtirten Distanzen des Cometen von der Erde mittelst dieser Aufgabe zu bestimmen. Es muſs auffallen, daſs man immer nur bey dem Vorschlage geblieben ist, und daſs niemand diesen

---

*) Wenn die vier gegebenen geraden Linien nicht in einer Ebene liegen, so ist die Lage einer fünften, die von allen vieren geschnitten werden soll, an sich bestimmt, ohne auf die Verhältnisse der Abschnitte zu sehen. Man könnte also blos mit der Voraussetzung, daſs das Stück der Cometenbahn zwischen den 4 Beobachtungen gerade sey, ausreichen, ohne auch die gleichförmige Geschwindigkeit anzunehmen, wenn man die Breiten mit in Betrachtung ziehen wollte. Die Lage dieser fünften geraden Linie wird indeſs nicht durch eine linearische, sondern durch eine Gleichung des 8ten Grades, und eine ziemlich verwickelte Formel gefunden werden. Auch würden bey dieser Aufgabe ähnliche Einschränkungen, wie bey der Bouguerschen statt finden, ob man gleich sonst viel weiter damit reichen könnte. Denn die Geschwindigkeit des Cometen ist gerade dann am ungleichförmigsten, wenn seine Bewegung sich am meisten der geraden Linie nähert, und umgekehrt.

diesen Vorschlag, wenigstens nicht mit Glück, befolgt hat. Selbst Cassini, der seine ganze Cometentheorie darauf gründete, hat nie wirklichen Gebrauch davon gemacht. Die Methode, wodurch er die Distanz des Cometen von 1729 so glücklich bestimmte, ist von dieser, nur vielleicht nicht wesentlich, verschieden, ob sich gleich gerade bey diesem Cometen die Wreensche Aufgabe aus eben den Gründen mit Erfolg hätte anwenden lassen, warum hier Bouguers Methode ein der Wahrheit so nahe kommendes Resultat gab. Bey dem Cometen von 1742 hat Cassini sie versucht: er beklagt sich aber, daſs sie gar zu genaue Beobachtungen erfordere, und deswegen nichts befriedigendes gegeben habe. An der Genauigkeit der Beobachtungen lag es nun wohl so eigentlich nicht. Das wahre ist nemlich, daſs diese Aufgabe zur Bestimmung der Distanz des Cometen von der Erde eben so wenig brauchbar ist, als die Bouguersche. Sobald man nemlich voraussetzt, auch die Erde habe während der vier Beobachtungen eine gerade Linie gleichförmig durchlaufen, so wird die Aufgabe unbestimmt: und so soll auch hier die Krümmung der Erdbahn die Distanzen bestimmen, während man die Krümmung der Cometenbahn nicht in Betrachtung zieht. Dieſs geht nun schlechterdings nicht an, und es kann selbst bey unendlich kleinen Zwischenzeiten und den schärfsten Beobachtungen diese Methode nichts der Wahrheit nahe kommendes geben, wenn der Comet nicht vielfach weiter von der Sonne entfernt ist, als die Erde. So würde sie z. B. beym Uranus, ehe die Bemerkung, daſs er ein Planet sey, ein leichteres Mittel darbot, seine Distanz zu bestimmen, mit Nutzen anzuwenden gewesen seyn. Den Beweis, daſs die Aufgabe unbestimmt wird,

sobald

sobald man voraussetzt, auch die Erde habe während der vier Beobachtungen eine gerade Linie gleichförmig durchlaufen, übergehe ich der Kürze wegen, ob er sich gleich auf mehrere Arten führen läfst, und bemerke nur, dafs die vier Gesichtslinien, das Stück der Erdbahn, und das Stück der Cometenbahn, unter diesen Voraussetzungen Tangenten einer und derselben Parabel werden, von welcher auch jede andere Tangente in dem nähmlichen Verhältnifs durch die Gesichtslinien geschnitten wird. Diese unter den angeführten Umständen eintretende Unbestimmtheit der Aufgabe scheint übrigens selbst dem Scharfsinne des berühmten Lambert, der sich doch viel mit derselben beschäftiget hat, entgangen zu seyn: denn sein Vorschlag, wodurch wie er glaubte, das mifsliche bey dieser Aufgabe gröfstentheils gehoben werden könnte, macht sie eben ganz indeterminirt und also unbrauchbar. *)

§. 24.

Die Gleichungen des ersten Grades, die die Geometrie darzubieten scheint, die Distanz des Cometen von der Erde unter Voraussetzung seiner geradlinigten und gleichförmigen Bewegung zu bestimmen, sind demnach nicht brauchbar, weil hier die Distanz derselben durch Gröfsen eben der Ordnung gefunden werden mufs, die man durch jene Voraussetzung vernachläfsiget.

§. 25.

---

*) Astronomisches Jahrbuch 1779 p. 168 sqq. Dafs Herr Boscovich schon vor langer Zeit die Unbrauchbarkeit der Bouguerschen, und der in dem jetzigen § abgehandelten Methode zur Bestimmung der Distanzen des Cometen von der Erde erwiesen hat, weifs ich blofs aus Hrn. de la Lande *Astronomie* 3me *Edit. Tome III. p. 232 233.* Da ich Herrn Boscovich Schriften nie gelesen habe, so kann ich nicht sagen, ob mein Beweis mit dem seinigen gleich ist.

§. 25.

Wenn man annimmt, die Chorden der Cometenbahn und der Erdbahn zwischen den Oertern derselben in der erften und dritten Beobachtung werden von den mittlern *radiis vectoribus* im Verhältnifs der Zeiten gefchnitten, fo läfst fich das Verhältnifs der wahren oder curtirten Diftanzen des Cometen von der Erde in der erften und dritten Beobachtung beftimmen. Wir werden diefs im folgenden Abfchnitt näher fehen. Nun läfst fich wieder mit der dritten Beobachtung eine vierte und fünfte verbinden, und fo wird man das Verhältnifs der Diftanzen in der 1ten 3ten und 5ten Beobachtung angeben können. Man braucht aber nur das Verhältnifs dreyer Diftanzen des Cometen von der Erde zu wiffen, um die Diftanzen felbft blos aus der Bedingung zu finden, dafs die drey Oerter des Cometen in einer und derfelben Ebene, die durch den Mittelpunct der Sonne geht, liegen.

§. 26.

Fig. 4.

Um diefs zu zeigen, darf man nur überhaupt eine Gleichung zwifchen x, y, z, und der Länge des Knotens und der Neigung der Bahn des Cometen fuchen. Es fey Fig. 4. S. der Mittelpunct der Sonne, S ♈ eine Linie nach dem Punct der Frühlings-Nachtgleiche, S ☊ die Knotenlinie. Ferner fey $SA = x$, $AB = y$, über B ftehe der Comet fenkrecht in C, fo dafs $BC = z$. Fället man nun aus B auf S☊ die Linie BD fenkrecht, fo ift BDC = der Neigung der Bahn. Es fey nun ☊S♈, oder die Länge des ☊ $= h$, CDB, oder die Neigung der Bahn $= i$, fo ift

$AE = x$ tang h

alfo

alſo
$$BE = y - x \tang h$$
ferner
$$BD = BE \coſ h = y \coſ h - x \ſin h$$
und
$$BC = z = BD \tang i$$
$$= y \coſ h \tang i - x \ſin h \tang i$$

Für drey Beobachtungen wird man alſo drey Gleichungen von der Form $z = y \coſ h \tang i - x \ſin h \tang i$ haben. Jede enthält, wenn die Verhältniſſe der curtirten Diſtanzen gegeben ſind, nur drey unbekannte Größen *) ϱ, h und i, die ſich alſo daraus beſtimmen laſſen.

§. 27.

Es ſey alſo $\varrho'' = M \varrho'$, $\varrho''' = N \varrho'$, ſo haben wir $z' = \varrho' \tang \beta'$, $z'' = M \varrho' \tang \beta''$, und $z''' = N \varrho' \tang \beta'''$ und damit laſſen ſich die drey Gleichungen ſo ausdrücken

$$\frac{\varrho'}{\coſ h \tang i} = \frac{y' - x' \tang h}{\tang \beta'}$$

$$\frac{\varrho'}{\coſ h \tang i} = \frac{y'' - x'' \tang h}{M \tang \beta''}$$

$$\frac{\varrho'}{\coſ h \tang i} = \frac{y''' - x''' \tang h}{N \tang \beta'''}$$

Folglich iſt
$$(y' - x' \tang h) M \tang \beta'' = (y'' - x'' \tang h) \tang \beta'$$
und
$$(y' - x' \tang h) N \tang \beta''' = (y''' - x''' \tang h) \tang \beta'.$$

Setzt

---

*) x, y, z, iſt nemlich durch ϱ gegeben. S. §. 17.

Setzt man nun in diese Gleichungen die Werthe von x', x'', x''', y', y'', y''', so erhält man zwey Gleichungen, die nur die beyden unbekannten Gröfsen, ϱ' und tang h enthalten. Jede derselben kann also nach Gefallen, und zwar durch eine Gleichung des 2ten Grades gefunden werden. Bestimmt man h, so hat die Auflösung die gröfste Aehnlichkeit mit derjenigen, die Herr Professor **Hennert** gegeben hat: sucht man aber ϱ', so verfällt man auf Formeln, die denen ganz analog sind, die Herr **du Sejour** gefunden hat, und die er als so brauchbar rühmt.

§. 28.

Ich will mich hier nur bey der letzten aufhalten, und den Werth von ϱ' suchen. Man schaffe also aus den beyden Gleichungen tang h weg, so ist

$$\frac{y'' \tang \beta' - M y' \tang \beta''}{x'' \tang \beta' - M x' \tang \beta''} = \frac{y''' \tang \beta' - N y' \tang \beta'''}{x''' \tang \beta' - N x' \tang \beta'''}$$

Folglich

$$\tang \beta' (y'' x''' - y''' x'') + M \tang \beta'' (y''' x' - y' x''') + N \tang \beta''' (x'' y' - x' y'') = 0.$$

welches eine Gleichung des zweyten Grades ist. Nun haben wir §. 7.

$$x' = \varrho' \cos \alpha' - R' \cos A'$$
$$x'' = M \varrho' \cos \alpha'' - R'' \cos A''$$
$$x''' = N \varrho' \cos \alpha''' - R''' \cos A'''$$
$$y' = \varrho' \sin \alpha' - R' \sin A'$$
$$y'' = M \varrho' \sin \alpha'' - R'' \sin A''$$
$$y''' = N \varrho' \sin \alpha''' - R''' \sin A'''$$

Setzt

Setzt man diese sechs Werthe in die Gleichung, so findet man nach einigen leichten Zusammenziehungen, und wenn man der Kürze wegen annimmt

$P = M \, \text{tang} \, \beta'' R' R''' \sin(A''' - A'')$
  $- \text{tang} \, \beta' R'' R''' \sin(A''' - A'')$
  $- N \, \text{tang} \, \beta''' R' R'' \sin(A'' - A')$

$Q = M \, \text{tang} \, \beta'' \bigl(R''' \sin(A''' - \alpha'') + N R' \sin(\alpha''' - A') \bigr)$
  $- \text{tang} \, \beta' \bigl(M R''' \sin(A''' - \alpha'') + N R'' \sin(\alpha''' - A'') \bigr)$
  $- N \, \text{tang} \, \beta''' \bigl(R'' \sin(A'' - \alpha') + M R' \sin(\alpha'' - A') \bigr)$

$S = M N \bigl(\text{tang} \, \beta'' \sin(\alpha''' - \alpha') - \text{tang} \, \beta' \sin(\alpha''' - \alpha'')$
  $- \text{tang} \, \beta''' \sin(\alpha'' - \alpha') \bigr)$

die quadratische Gleichung

$$S \varrho'^2 - Q \varrho' + P = 0$$

woraus sich denn sogleich

$$\varrho' = \frac{Q}{2S} \pm \sqrt{\left(\frac{Q^2}{4S^2} - \frac{P}{S}\right)}$$

oder

$$\varrho' = \frac{Q \pm \sqrt{(Q^2 - 4SP)}}{2S}$$

ergiebt. Diefs ist im Grunde mit der Formel des Herrn du Sejour übereinstimmend: nur dünket mich ist der Weg, auf den hier die quadratische Gleichung für ϱ' gefunden worden ist, viel leichter und kürzer, als derjenige, den jener grofse Analyste gewählt hat. So wird sich auch eine quadratische Gleichung für tang h aus den §. 27. angegebenen Gleichungen viel bequemer finden lassen, als es Herr Hennert vorgetragen hat.

§. 29.

Herr Pingré hat sowohl die Methode des Herrn du Sejour, als die des Herrn Hennert in der Rechnung versucht, allein beym Gebrauche sehr mangelhafte Resultate gefunden. Die Coefficienten S, Q, P wurden immer sehr klein, und deswegen hatten die geringsten Fehler der Beobachtungen immer einen ungemein grossen Einfluss auf den Werth der unbekannten Grösse: einen so grossen Einfluss, dass er deswegen Hrn. Hennerts Auflösung für ganz unbrauchbar erklärt. Und was von Hrn. Hennerts Auflösung gilt, lässt sich auch auf die des Hrn. du Sejour anwenden: denn beyde sind Folgen aus denselben Gleichungen.

§. 30.

Es wird wohl der Mühe werth seyn, diess etwas näher zu untersuchen, um über die Brauchbarkeit dieser Methoden richtig urtheilen zu können. Es ist einleuchtend, dass die Auflösung eine geometrische Schärfe haben würde, wenn 1) die Beobachtungen völlig genau, und 2) die Verhältnisse der Distanzen, M und N, richtig bestimmt wären. Letzteres ist nicht der Fall, weil eine nicht ganz richtige Hypothese dabey zum Grunde liegt: und völlig richtige Beobachtungen gehören unter die frommen Wünsche. Nun hängt aber der Werth von ϱ' in des Hrn. du Sejour Formeln lediglich von der **scheinbaren Krümmung der Cometenbahn**, oder von der Abweichung der scheinbaren Cometenbahn von einem grössten Kreise ab. Liegen nemlich die drey beobachteten Oerter des Cometen in einem grössten Kreise der Sphäre, so ist der Coefficient von ϱ'^2, oder $S=0$. Diess lässt sich so übersehn. Es ist nemlich

$$S=$$

$$S = NM \left(\tang \beta'' \sin(\alpha''' - \alpha') - \tang \beta' \sin(\alpha''' - \alpha'') \right.$$
$$\left. - \tang \beta''' \sin(\alpha'' - \alpha') \right)$$

nun wird
$$\tang \beta'' \sin(\alpha''' - \alpha') - \tang \beta' \sin(\alpha''' - \alpha'')$$
$$- \tang \beta''' \sin(\alpha'' - \alpha') = 0$$

wenn die drey Oerter in einem gröſsten Kreiſe liegen. Denn geſetzt, der Abſtand des Cometen der Länge nach gerechnet, von dem Puncte, wo dieſer gröſste Kreis die Ecliptik ſchneidet, ſey in der erſten Beobachtung $= \varphi$, und die Neigung dieſes gröſsten Kreiſes gegen die Ecliptik $= \mu$, ſo iſt

$$\tang \beta' = \tang \mu \sin \varphi$$
$$\tang \beta'' = \tang \mu \sin(\varphi + \alpha'' - \alpha')$$
$$\tang \beta''' = \tang \mu \sin(\varphi + \alpha''' - \alpha')$$

ſetzet man dieſe Werthe in die obige Gleichung, und dividirt mit $\tang \mu$, ſo hat man

$$\sin(\varphi + \alpha'' - \alpha') \sin(\alpha''' - \alpha') - \sin \varphi \sin(\alpha''' - \alpha'')$$
$$- \sin(\varphi + \alpha''' - \alpha') \sin(\alpha'' - \alpha')$$

welches offenbar $= 0$ iſt.

Herr du Sejour ſucht die quadratiſche Gleichung nicht für ϱ', oder die curtirte Diſtanz, ſondern für den wirklichen Abſtand, den er Δ' nennt. Allein ſein Coefficient von Δ'^2 iſt ebenfalls $= 0$, ſobald die drey Oerter des Cometen in einem gröſsten Kreiſe liegen. Er heiſst nemlich, in unſere Buchſtaben überſetzt.

$$\sin \beta' \cos \beta'' \cos \beta''' \sin(\alpha'' - \alpha''') + \sin \beta'' \cos \beta'$$
$$\cos \beta''' \sin(\alpha''' - \alpha') + \sin \beta''' \cos \beta' \cos \beta'' \sin(\alpha' - \alpha'')$$

wo man nur mit $\cos \beta' \cos \beta'' \cos \beta'''$ dividiren darf, um unſer S zu haben.

§. 31.

§. 31.

Es würde sich nun auch zeigen laſſen, daſs die übrigen beyden Coefficienten für dieſen Fall, der im Grunde mit der Vorausſetzung der geradlinigten und gleichförmigen Bewegung übereinkömmt, verſchwinden müſſen. Allein man kann jetzt ſchon hinreichend über die Brauchbarkeit dieſer Methode urtheilen. Da nemlich drey einander nahe Beobachtungen eines Cometen immer auch ſehr nahe in einem gröſsten Kreiſe liegen, ſo müſſen die Coefficienten S, P, und Q, die lediglich von der Krümmung der ſcheinbaren Cometenbahn abhängen, immer ſehr klein ſeyn: und dieſer ihr kleiner Werth kann durch die unvermeidlichen Fehler der Beobachtung gänzlich verändert werden. Man nehme noch hinzu, daſs M und N, oder die Verhältniſſe der curtirten Abſtände nicht geometriſch genau ſind, und ſo iſt dieſe Methode bey drey unter ſich ſehr nahen Beobachtungen ſchlechterdings nicht zu gebrauchen, und wird gewöhnlich ein von der Wahrheit ungemein abweichendes Reſultat geben. Wenn man indeſſen mehrere auf einander folgende, unter ſich nahe und genaue Beobachtungen hat, daſs die erſte, mittlere und letzte Beobachtung ſchon ziemlich entfernt von einander ſind, für die man M und N aus den zwiſchenliegenden beſtimmen kann, ſo wird man freylich auf etwas von der Wahrheit nicht ganz entferntes kommen können.*) Nur wird ſodann die Rechnung nicht wenig weit-

---

*) Und zwar um ſo mehr, je ſtärker die ſcheinbare Cometenbahn von einem gröſsten Kreiſe abweicht. Dieſe Abweichung iſt aber um ſo viel gröſser, je ungleicher die Abſtände des Cometen und der Erde von der Sonne ſind, beſonders wenn ſich der Comet zugleich weit von der

weitläuftig, und der Erfolg doch immer zu unsicher bleiben, als dafs man nicht die bequemeren und zuverläſsigern Approximations-Methoden diesen Gleichungen der zweiten Grades vorziehen sollte.

§. 32.

Es scheint nicht, dafs Herrn du Sejour, oder Hrn. Hennert diese natürliche Ursache der wenigen Brauchbarkeit ihrer Methoden aufgefallen wäre. Ersterer ist indessen wenigstens practisch davon überzeugt worden, indem er in seinem neuern Werke statt dieser eine andere angiebt, die ich hier aber nicht umständlich aus einander zu setzen brauche, da ich bey aller Achtung, die ich für diesen berühmten, nun verewigten, Gelehrten hege, dreist behaupten kann, dafs sie nur eine sehr mühsame, weitläuftige und wenig genaue Approximations-Methode ist.*) — Genug, dafs weder Gleichungen des ersten

---

der Quadratur befindet, oder weder der Opposition noch der Conjunction sehr nahe ist.

*) Durch eine sehr sinnreiche Analyse sucht Herr du Sejour das Verhältnifs der Distanzen in den drey Beobachtungen, zwar genauer, als es nach §. 25 geschieht, aber auch so, dafs in diesen Verhältnissen ein von der noch unbekannten Distanz von der Sonne abhängender Factor vorkömmt, sie also erst durch wiederhohlte Näherung genau gefunden werden können. So bringt er die Distanzen auf eine unbekannte Gröfse zurück, bestimmt daraus die Länge der Chorde, und vergleicht diese auf Newtons nicht ganz scharfe Art mit der Zeit. Diese Methode erfordert sehr mühsame vorbereitende Rechnungen, ist nur auf Cometen anwendbar, von denen man eine ganze Folge genauer Beobachtungen hat, und giebt doch nach einer langweili-

erſten, noch des zweyten Grades, worauf man zur Be‐
ſtimmung einer Cometenbahn verfallen iſt, mit wirk‐
lichem Nutzen in der Ausübung angewendet werden
können.

Dritter Abfchnitt.

Kurze und leichte Methode, die genäherten
Beſtimmungsſtücke einer Cometen‐
bahn zu finden.

§. 33.

Aus dem vorigen iſt es alſo erwieſen, daſs, wenn man nicht mit de la Caille durch unzählige Verſuche eine Cometenbahn nach und nach, faſt möchte ich ſagen, er‐rathen will, nothwendig eine nicht ganz wahre, nur der Wahrheit nahe kommende Vorausſetzung angenommen werden müſſe, die dieſs gar zu verwickelte Problem zur erſten genäherten Auflöſung mehr vereinfacht. Mit Hr. Boscovich das Stück der Cometenbahn zwiſchen den Beobachtungen als geradlinigt und mit gleichförmiger Ge‐ſchwindigkeit durchlaufen anzunehmen, iſt etwas zu ge‐wagt, und giebt in den mehrſten Fällen eine noch zu ſehr von der Wahrheit abweichende Beſtimmung. Denn hier macht man nicht eine, ſondern zwey falſche Hypo‐
the-

---

weiligen Arbeit, nur ein genähertes Reſultat. 8. *Du Sejour Traité analytique des mouvemens apparens des corps céleſtes. Tom. II.*

thefen: die geradlinigte Bewegung, und die gleichförmige Geschwindigkeit. Viel näher kömmt man der Wahrheit, wenn man fich blofs mit dem Satz begnügt, dafs die Chorde der Cometenbahn von dem mittlern *Radius Vector* im Verhältnifs der Zeiten gefchnitten werde. Und nimmt man nun zugleich an, auch die Chorde der Erdbahn werde im nemlichen Verhältniffe gefchnitten, fo erhält man eine zwar indirecte, aber fo leichte und bequeme Methode, die genäherten Elemente einer Cometenbahn zu berechnen, als man fich nach der Schwierigkeit des Problems vielleicht kaum vorftellen follte.

§. 34.

Fig. 1.

Es fey alfo S die Sonne, A B C drey Oerter des Cometen in dreyen in Anfehung der Zwifchenzeiten nicht fehr verfchiedenen, und überhaupt nicht weit von einander entfernten Beobachtungen, *a b c* die drey Oerter der Erde zu den Zeiten der drey Beobachtungen: fo nehme ich an, dafs die mittlern *radii vectores* S B, S b, die Chorden A C, *a c* in D und *d* im Verhältnifs der Zwifchenzeiten fchneiden, fo dafs, wenn man die Zeit zwifchen der erften und zweyten Beobachtung t', zwifchen der zweyten und dritten Beobachtung t'' nennt, $ad : dc = AD : DC = t' : t''$ fey. Diefe Vorausfetzung ift nicht vollkommen wahr: fie weicht aber fehr wenig von der Wahrheit ab, wenn die Bogen AC, *ac*, klein find. Die Zeiten verhalten fich nemlich eigentlich wie die parabolifchen und ellipti fchen Sectoren ANBS, BMCS, *anbS*, *bmcS*: die Abfchnitte der Chorden aber, wie die triangulären Sectoren ABS, CBS, *abS*, *bcS*.

bc S. Allein 1) find, wenn die Bogen klein find, überhaupt die parabolifchen und elliptifchen Sectoren fehr wenig gröfser, als die triangulären, nemlich nur um die kleinen Segmente ANBDA, *anbda*, BMCDB, *bmcdb*. Es ift klar, dafs wenn die Bögen, und alfo auch die Sectoren felbft kleine Gröfsen der erften Ordnung find, diefe Segmente nur Gröfsen der dritten Ordnung feyn werden; 2) werden diefe Segmente mit den Sectoren, nur freylich nicht im einfachen Verhältnifs der Sectoren, gröfser oder kleiner, und 3) giebt es für jeden parabolifchen und elliptifchen Bogen einen *radius vector*, der die Chorde genau in Verhältnifs der Zeiten fchneidet, oder für den auch wieder die kleinen Segmente ANBA, BMCB etc. genau im Verhältnifs von AD : DC find. Unter welchen Umftänden diefs bey der Parabel Statt findet, haben Newton, Gregory, und vorzüglich Lambert unterfucht, *) und überhaupt gezeigt, dafs bey kleinen Bögen fehr wenig an diefem Verhältnifs fehlen kann, wenn die Zeiten nicht fehr ungleich find. Bey der Erdbahn wird der Fehler in dem Fall der faft gleichen Zwifchenzeiten noch um fo viel geringer feyn, da diefe Bahn von einem Kreis fo wenig verfchieden ift.

§. 35.

Nach diefer Vorausfetzung wird fich nun leicht der fcheinbare Ort des Cometen zur Zeit der mittlern Beobachtung beftimmen laffen, den er würde gehabt haben, wenn

die

---

*) *Newton Princip. l. iij lemma viij Gregory Aftron. Phyf. et Geom. elem. l. V. pr xviij.* Lambert Beyträge Th. 3. p. 261 fq. Man vergleiche auch *Lambert Propriet. infign. orbitas com.* §. 49. 50. Aftronomifches Jahrbuch 1779 S. 166. u. f.

die Erde in d, und der Comet in D geftanden hätten. Denn einmal liegen die fcheinbaren Oerter von A D C aus adc gefehn in einem gröfsten Kreife der Sphäre: zweitens liegen auch bd S D B in einer Ebene, folglich alle Puncte der Linie B S, aus einem beliebigen Puncte der Linie b S gefehn in einem und demfelben gröfsten Kreife. Man darf alfo nur den Durchfchnittspunct diefer beyden gröfsten Kreife auf der Sphäre fuchen, um die Lage der Linie dD zu finden. Der erfte gröfste Kreis wird durch die beobachteten Oerter des Cometen in der erften und dritten Beobachtung, der zweyte durch die mittlere Beobachtung und den Ort der Sonne zur Zeit derfelben beftimmt. Nennt man nun

$$\cot \pi = \frac{\tang \beta'''}{\fin(\alpha''' - \alpha')\tang \beta'} - \cot(\alpha''' - \alpha')$$

fo ift π ein Bogen, der von α' abgezogen den Punct giebt, wo der durch die beyden äufserften Oerter des Cometen gezogene gröfste Kreis die Ecliptik fchneidet, und zwar unter einem Winkel η, der durch die Gleichung

$$\tang \eta = \frac{\tang \beta'}{\fin \pi}$$

beftimmt wird. Die Länge des Puncts, wo der andere gröfste Kreis die Ecliptik fchneidet, ift $= A''$, oder gleich der Länge der Sonne in der mittlern Beobachtung, und feine Neigung ϑ findet fich

$$\tang \vartheta = \frac{\tang \beta''}{\fin(A'' - \alpha')}$$

Damit läfst fich nun die Lage des Durchfchnittspuncts beyder gröfsten Kreife gegen die Ecliptik leicht finden.

Denn es fey

$$\cot \sigma = \frac{\tang \eta}{\tang \vartheta \sin(A''+\pi-\alpha')} + \cot(A''+\pi-\alpha')$$

fo ift $\alpha' - \pi + \sigma$ die Länge diefes Puncts, die ich c'' nennen will, und die Breite γ'' ergiebt fich

$$\tang \gamma'' = \tang \eta \sin \sigma.$$

§. 36.
Fig. 2.

Da unferer Vorausfetzung zu Folge die Chorde der Cometenbahn AC, und die Chorde der Erdbahn ac von den Geſichtslinien Aa, dD, cC im Verhältniſs der Zeiten gefchnitten werden, fo muſs dieſs nemliche Verhältniſs auch bey allen orthographifchen Projectionen diefer Chorden und Geſichtslinien ftatt finden. Es fey alfo CDA die auf die Fläche der Erdbahn projicirte Chorde der Cometenbahn, acd wie vorhin die Chorde der Erdbahn, aA, dD, cC, nach den drey gegebenen Längen α', c'', α''' gezogen, fo ift

$$CO : AM = \frac{CD}{\sin COD} : \frac{AD}{\sin DMA}$$

$$cO : aM = \frac{cd}{\sin COD} : \frac{ad}{\sin DMA}$$

Da nun

$$cd : da = CD : AD = t''' : t''$$

und

$$Cc = CO + cO$$
$$Aa = AM + aM$$

ift, fo ergiebt fich

$$Aa : Cc = \frac{t'}{\sin DMA} : \frac{t''}{\sin COD}$$

Es

Es ist aber $DMA=$ dem Unterschiede der Längen in der ersten und zweyten Beobachtung $=c''-a'$, und $COD=$ dem Unterschiede der Längen in der zweyten und dritten Beobachtung $=a'''-c''$: ferner sind Aa, Cc, die curtirten Distanzen des Cometen von der Erde in der ersten und dritten Beobachtung, die wir oben ϱ', ϱ''' genannt haben. Demnach ist

$$\varrho':\varrho'''=\frac{t'}{\sin(c''-a')}:\frac{t'''}{\sin(a'''-c'')}$$

also

$$\varrho'''=\varrho'\,\frac{t''\sin(c''-a')}{t'\sin(a'''-c'')}=M\varrho'\cdot$$

wodurch das Verhältnifs der curtirten Distanzen des Cometen in der ersten und dritten Beobachtung gegeben ist.

§. 37.

Diese Art, den Werth von M oder das Verhältnifs der curtirten Abstände zu finden, ist indessen weder allgemein brauchbar, noch immer am bequemsten. Es giebt nemlich 1) einen Fall, wo man sie gar nicht brauchen kann: bey Cometen nemlich, deren scheinbare Bewegung fast senkrecht auf die Ecliptik, oder deren Bewegung in der Länge sehr gering, in der Breite sehr beträchtlich ist. Hier werden die Bögen $c''-a'$; $a'''-c''$, zu klein, und also wird M sehr unsicher gefunden werden. 2) Einen Fall, wo man sie brauchen muſs: bey Cometen nemlich, die in der Nähe ihrer Quadratur sich langsam, besonders in Ansehung der Breite bewegen. Hier kann die folgende Methode mifslich werden. 3) Einen Fall, wo man sie der vorzüglichen Bequemlichkeit wegen brauchen wird: dann nemlich, wenn die

Zwi-

Zwischenzeiten sehr klein, oder die Beobachtungen nicht sehr genau sind. Hier wird es ohne Bedenken erlaubt seyn, statt der corrigirten Länge c'', unmittelbar α'' zu gebrauchen, und sich so die ganze Berechnung des §. 35. zu ersparen. Es ist diefs eben so viel, als wenn man annehme, dafs die Linien Bb, Dd Fig. 1. einander parallel sind, und daran kann sehr wenig fehlen, wenn die Bögen ac, AC klein, und also die Linien bd, BD sehr klein sind. Dann hat man sogleich

$$M = \frac{t'' \sin(\alpha'' - \alpha')}{t' \sin(\alpha''' - \alpha'')}$$

§. 38.

Da alle orthographische Projectionen der Gesichtslinien die orthographischen Projectionen der Chorden in dem nemlichen Verhältnifs schneiden, so darf man, eine allgemeiner brauchbare Formel zu finden, diese Linien nur auf eine Ebene projiciren, die auf der Ebene der Ecliptik senkrecht steht, und auf der auch wieder der mittlere Radius Vector für die Erde senkrecht ist. Diese Ebene hat bekanntlich auch schon Lambert mit Vortheil gewählt. Macht man sodann

$$\tan b' = \frac{\tan \beta'}{\sin(A'' - \alpha')}$$
$$\tan b'' = \frac{\tan \gamma''}{\sin(A'' - \alpha'')}$$
$$\tan b''' = \frac{\tan \beta'''}{\sin(A'' - \alpha''')}$$

so sind b', b'', b''', die Winkel die die Gesichtslinien in der Projection mit der projicirten Chorde der Erdbahn machen. Hierbey ist nun offenbar

tang

$$\frac{\tan \gamma''}{\sin(A''-c'')} = \frac{\tan \beta''}{\sin(A''-a'')}$$

also wird die Rechnung zur Bestimmung von c'' und γ'' unnöthig. Setzt man nun den projicirten Abstand in der ersten Beobachtung $= \delta$, in der dritten Beobachtung $= N\delta$, so ist, weil auch hier die Chorden im Verhältniss der Zeiten geschnitten werden

$$N = \frac{t'' \sin(b'''-b')}{t''' \sin(b'''-b'')}$$

Nun ist aber

$$\varrho' = \frac{\delta \cos b'}{\sin(A''-a')}$$

$$\varrho''' = M \varrho' = \frac{N\delta \cos b'''}{\sin(A''-a''')}$$

folglich

$$M = \frac{\cos b''' \sin(A''-a') \sin(b'''-b') t''}{\cos b' \sin(A''-a''') \sin(b'''-b'') t'}$$

$$= \frac{\sin(A''-a')(\tan b''' - \tan b') t''}{\sin(A''-a''')(\tan b''' - \tan b'') t'}$$

$$= \frac{(\tan \beta''' \sin(A''-a') - \tan \beta' \sin(A''-a''')) t''}{(\tan \beta''' \sin(A''-a'') - \tan \beta'' \sin(A''-a''')) t'}$$

Ein sehr bequemer Ausdruck für M der sich zur Rechnung noch etwas geschmeidiger so vorstellen läfst

$$M = \frac{(m \sin(A''-a') - \tan \beta') t''}{(\tan \beta''' - m \sin(A''-a''')) t'}$$

indem man nemlich der Kürze wegen

$$\frac{\tan \beta''}{\sin(A''-a'')} = m .$$

setzt.

§. 39.

§. 39.

Damit ist also das Verhältnis der curtirten Distanzen des Cometen von der Erde in der ersten und dritten Beobachtung gegeben. Um nun die Distanzen selbst zu finden, müssen wir durch sie die Chorde AC Fig. 1.; und die beyden *radii vectores* SA, SC bestimmen, und die gefundenen Werthe sodann mit der Zeit vergleichen, die der Comet gebraucht hat, von A nach C zu kommen. Sind nun die beyden Distanzen der Erde von der Sonne in der ersten und dritten Beobachtung Sa, Sc = R', R''', die beyden Abstände des Cometen von der Sonne SA, SC = r', r''', so ergiebt sich sogleich

$$r'^2 = R'^2 - 2R'\varrho'\cos(A' - \alpha') + \varrho'^2 \sec\beta'^2$$
$$r'''^2 = R'''^2 - 2R'''M\varrho'\cos(A''' - \alpha''') + M^2\varrho'^2 \sec\beta'''^2$$

§. 40.

Die Chorde k''' ist nach §. 7

$$= \sqrt{(x''' - x')^2 + (y''' - y')^2 + (z''' - z')^2}$$

entwickelt man diese Formel, und erinnert sich, es sey

$$r'^2 = x'^2 + y'^2 + z'^2$$
$$r'''^2 = x'''^2 + y'''^2 + z'''^2$$

so wird

$$k''' = \sqrt{r'^2 + r'''^2 - 2x'x''' - 2y'y''' - 2z'z'''}.$$

Nun ist §. 7

$$x' = \varrho' \cos\alpha' - R' \cos A'$$
$$y' = \varrho' \sin\alpha' - R' \sin A'$$
$$z' = \varrho' \tang\beta'$$
$$x''' = M\varrho' \cos\alpha''' - R''' \cos A'''$$
$$y''' = M\varrho' \sin\alpha''' - R''' \sin A'''$$
$$z''' = M\varrho' \tang\beta'''$$

Folg-

Folglich hat man

$$x'x''' + y'y''' = R'R''' \cos(A''' - A')$$
$$- \varrho'R''' \cos(A''' - \alpha') - M\varrho'R' \cos(A' - \alpha''')$$
$$+ M\varrho'^2 \cos(\alpha''' - \alpha')$$

und

$$z'z''' = M\varrho'^2 \tang\beta' \tang\beta'''$$

also heifst die ganze Formel

$$k''^2 = r'^2 + r'''^2 - 2R'R''' \cos(A''' - A')$$
$$+ 2\varrho'R''' \cos(A''' - \alpha') + 2M\varrho'R' \cos(A' - \alpha''')$$
$$- 2M\varrho'^2 \cos(\alpha''' - \alpha') + 2M\varrho'^2 \tang\beta' \tang\beta'''$$

wofür man der Kürze wegen

$$k = \sqrt{F + G\varrho' + H\varrho'^2}$$

schreiben kann.

§. 41.

Ist nun T die Zeit zwischen der ersten und dritten Beobachtung, so ist nach Lamberts schönem Theorem

$$T = \frac{\left(\frac{r' + r''' + k''}{2}\right)^{\frac{3}{2}} - \left(\frac{r' + r''' - k''}{2}\right)^{\frac{3}{2}}}{m\,3\sqrt{2}}$$

In diese Formel unsere gefundenen Werthe für r', r''' und k'' gesetzt, würde freylich auf eine ungeheure schwer aufzulösende Gleichung führen. Eine Gleichung, die sich indefs auf den 12ten Grad bringen läfst, wenn man statt der eben angegebenen Lambertschen Formel die Näherung des Herrn du Sejour gebrauchen wollte, der

$$T^2 = \frac{(r' + r''')\,k''^2}{4f}$$

setzt,

fetzt, und die fogar nur vom 6ten Grade feyn wird, wenn man fich erlaubt

$$\frac{r' + r'''}{2} = \sqrt{\frac{r'^2 + r'''^2}{2}}$$

zu fetzen, welches allerdings nur dann einigermafsen angeht, wenn r' und r''' wenig von einander verfchieden, alfo k'' und T fehr klein find. Allein wir brauchen alle diefe etwas mifslichen Abkürzungen gar nicht. Denn wenn fich gleich der Werth von ϱ' nicht unmittelbar aus der Lambertfchen Formel finden läfst, fo wird man ihn doch durch einige wenige Verfuche leicht entdecken. Wir haben nemlich

$$r' = \sqrt{R'^2 - 2R' \cos(A' - \alpha') \varrho' + \sec\beta'^2 \varrho'^2}$$
$$r''' = \sqrt{R'''^2 - 2R''' \cos(A''' - \alpha''') M \varrho' + \sec\beta'''^2 M^2 \varrho'^2}$$
$$k'' = \sqrt{F + G\varrho' + H\varrho'^2}$$

In diefen drey Gleichungen find alle Coefficienten von ϱ' bekannte, in Zahlen berechnete Gröfsen. Man darf alfo nur einen Werth von ϱ' annehmen, um fogleich, blofs durch das Ausziehen dreyer Quadratwurzeln r', r''' und k'' zu haben. Aus diefen ergiebt fich fodann ohne Mühe aus der Tafel für den parabolifchen Fall gegen die Sonne, oder durch unmittelbare leichte Berechnung die Zeit, die zwifchen den Beobachtungen nach dem angenommnen Werth von ϱ' hätte verftreichen follen. Diefe Zeit mit der beobachteten verglichen, zeigt leicht, ob man den angenommen Werth von ϱ' vermehren oder vermindern müffe, um der beobachteten Zwifchenzeit näher zu kommen. Man kommt fehr bald der Wahrheit nahe genug, um alles übrige durch eine leichte Interpolation

lation nachzuholen. Selten wird man mehr als vier, höchſtens fünf Vorausſetzungen nöthig haben, und bey den erſten zwey oder drey braucht die Rechnung gar nicht ſcharf geführt zu werden. So viel kann ich wenigſtens verſichern, daſs die Beſtimmung des wahren Werths von ϱ' aus obigen drey Gleichungen immer noch weit bequemer ſey, als die Auflöſung einer Gleichung des 6ten Grades.

§. 42.

Sobald man den Werth von ϱ' gefunden hat, iſt die Beſtimmung der ganzen Bahn leicht. Denn die Rechnung giebt ſchon unmittelbar r', r''', ϱ', und $\varrho''' = M \varrho'$. Nennt man nun die heliocentriſchen Breiten in der erſten und dritten Beobachtung λ', λ''', ſo iſt

$$\sin \lambda' = \frac{\tang \beta' \; \varrho'}{r'}, \; \sin \lambda''' = \frac{\tang \beta''' \; \varrho'''}{r'''}$$

Ferner mögen die beyden heliocentriſchen Elongationen des Cometen von der Erde ε', ε''' heiſsen, ſo haben wir

$$\sin \varepsilon' = \frac{\varrho' \sin (A' - \alpha')}{r' \cos \lambda'}$$
$$\sin \varepsilon''' = \frac{\varrho''' \sin (A''' - \alpha''')}{r''' \cos \lambda'''}$$

wodurch die beyden heliocentriſchen Längen, die ich C', C''', nennen will, gefunden werden. Es ſey nun

$$\cot \omega = \frac{\tang \lambda'''}{\tang \lambda' \sin (C''' - C')} - \cot (C''' - C')$$

ſo iſt ω die Entfernung des Cometen in der erſten Beobachtung, der Länge nach gerechnet, vom aufſteigenden Kno-

Knoten: alſo $C' - \omega$ die Länge des Knotens. Die Neigung der Bahn ergiebt ſich durch die Formel

$$\tang i = \frac{\tang \lambda'}{\sin \omega}$$

Für die beyden heliocentriſchen Entfernungen des Cometen in der Ebene ſeiner Bahn vom Knoten u', u''' iſt

$$\cos u' = \cos \lambda' \cos \omega$$
$$\cos u''' = \cos \lambda''' \cos (C''' - C' + \omega)$$

ſo daſs $u''' - u' =$ dem Unterſchiede der beyden wahren Anomalien in der erſten und dritten Beobachtung ſeyn wird. Nennt man nun φ die wahre Anomalie in der erſten Beobachtung, ſo iſt nach bekannten Eigenſchaften der Parabel

$$\tang \tfrac{1}{2} \varphi = \cot \frac{u''' - u'}{2} - \frac{\sqrt{\frac{r'}{r'''}}}{\sin \frac{(u''' - u')}{2}}$$

dadurch iſt die Länge des Periheliums gegeben. Der Abſtand der Sonnennähe π ergiebt ſich

$$\pi = r' \cos \tfrac{1}{2} \varphi^2$$

und ſo findet ſich auch leicht die Zeit des Periheliums entweder durch unmittelbare Berechnung, oder durch eine der vielen zur Erleichterung dieſer Rechnungen dienenden Tafeln.

§. 43.

Gewöhnlich wird man, ſobald man ϱ' gefunden hat, neugierig genug ſeyn, alle Elemente der zu berechnenden Cometenbahn kennen zu lernen, um auch alle in dem vorigen §. angegebene Rechnungen vorzunehmen.

An sich ist diefs übrigens nicht immer nöthig. Die hier gefundenen Bestimmungs-Stücke bedürfen nochmals noch immer einer Verbesserung, und man braucht deswegen jetzt nur die zu berechnen, aus denen sich diese Verbesserung ableiten läfst. Es ist, wie Hr. de la Place sehr richtig bemerkt, gut, in einer so langen Rechnung jede unnöthige Arbeit zu erfparen. Wollte man sich also blofs mit dem nothwendigen begnügen, so werden entweder Länge des Knotens und Neigung der Bahn, oder auch Zeit und Abstand des Periheliums hinreichend seyn, je nachdem man eine oder die andere von den unten vorkommenden Verbesserungs-Methoden wählen wird. In dem ersten Fall können also alle, aufs Perihelium und die wahre Anomalie Bezug habende Formeln wegfallen: und im zweyten ist es unnöthig, die Länge des Knotens, und die Neigung der Bahn zu berechnen. Es sey $u''' - u'$, oder der Winkel, den die beyden *radii vectores* an der Sonne einschliefsen $= \chi$, also χ der Unterschied der beyden wahren Anomalien in der ersten und dritten Beobachtung, so ist unmittelbar

$$\cos \chi = \frac{r'^2 + r'''^2 - k'''^2}{2 r' r'''}$$

woraus sich denn sogleich φ durch die Formel

$$\tan \tfrac{1}{2} \varphi = \cot \tfrac{1}{2} \chi - \frac{\sqrt{\frac{r'}{r'''}}}{\sin \tfrac{1}{2} \chi}$$

mithin auch Zeit und Abstand des Periheliums ergiebt. Der Werth von φ läfst sich noch unmittelbarer berechnen. Denn es ist

$$\sin \tfrac{1}{2} \chi^2 = \frac{k''^2 - (r''' - r')^2}{4 r''' r'}$$

$$\cos \tfrac{1}{2} x^2 = \frac{(r''' + r')^2 - k''^2}{4 r''' \cdot r'}$$

alſo
$$\cot \tfrac{1}{2} x^2 = \frac{(r''' + r')^2 - k''^2}{k''^2 - (r''' - r')^2}$$

und damit wird
$$\tang \tfrac{1}{2} \varphi = \frac{\sqrt{(r''' + r')^2 - k''^2} - 2 r'}{\sqrt{k''^2 - (r''' - r')^2}}$$

§. 44.

Ich will hier nun die bey Berechnung eines Cometen nöthigen Formeln ſammlen, damit man das ganze leichter überſehen kann. Man ſucht alſo zuerſt

$$m = \frac{\tang \beta''}{\sin (A'' - \alpha'')},$$

und
$$M = \frac{(m \sin (A'' - \alpha') - \tang \beta') t''}{(\tang \beta''' - m \sin (A'' - \alpha''')] t'}$$

Hierauf berechnet man die Coefficienten von ϱ', ϱ'^2 in den Formeln

$$r'^2 = R'^2 - 2 R' \cos (A' - \alpha') \varrho' + \sec \beta'^2 \varrho'^2$$
$$r'''^2 = R'''^2 - 2 R''' \cos (A''' - \alpha''') M \varrho' + \sec \beta'''^2 M^2 \varrho'^2$$
$$k''^2 = r'^2 + r'''^2 - 2 R' R''' \cos (A''' - A')$$
$$\quad + 2 R''' \cos (A''' - \alpha') \varrho' + 2 M R' \cos (A' - \alpha''') \varrho'$$
$$\quad - 2 M \cos (\alpha''' - \alpha') \varrho'^2 - 2 M \tang \beta' \tang \beta''' \varrho'^2$$

und ſo kann man gleich einen Werth von ϱ' annehmen, und durch wenige Verſuche den wahren Werth dieſer Gröſse beſtimmen. Die leichten und geſchmeidigen Formeln des 42. und 43. §. geben, wenn ϱ' erſt gefunden iſt, ſehr bequem alle übrige Beſtimmungsſtücke der Bahn.

§. 45.

§. 45.

Man darf auch nur flüchtig diefe Methode mit irgend einer andern von den bisher gebrauchten vergleichen, um ihre Kürze und Bequemlichkeit fchätzen zu lernen. Zudem ift fie allgemein brauchbar, und läfst fich fogleich anwenden, wenn man einen Cometen nur dreymal beobachtet hat. Freylich ift fie nicht ganz genau, weil wir angenommen haben, die Chorden der Erdbahn und Cometenbahn würden von den mittlern *radiis vectoribus* im Verhältnifs der Zeiten gefchnitten: aber man halte diefe Unzuverläfsigkeit nicht für gröfser, als fie wirklich ift. Euler und Lambert haben in Anfehung der Cometenbahn eben das angenommen: mein Zufatz ift nur, dafs ich für die Erdbahn daffelbe vorausfetze: und dadurch wird die Unzuverläfsigkeit, oder der Mangel an geometrifcher Schärfe gewifs nie beträchtlich vermehrt, oft vermindert. Sie ift weit genauer, als irgend eine der directen Methoden, weil bey diefen immer ftillfchweigend oder ausdrücklich ein Stück der Cometenbahn als eine gerade gleichförmig durchlaufene Linie angefehen wird: oder, wenn man die Bögen mit Herr de la Place fo klein nimmt, dafs diefe Vorausfetzung durchaus keinen Fehler geben kann, doch die kleinen Bögen durch eine mifsliche Interpolations Methode gefucht werden müffen. Zu dem werde ich im folgenden Abfchnitt zeigen, wie leicht die wegen diefer nicht vollkommen wahren Vorausfetzung etwa nöthige Verbefferung nachzuholen fey.

§. 46.

Die Kürze und Bequemlichkeit der Methode wird fich indeffen noch beffer an einem vollftändigen Beyfpiel über-

überfehen laſſen. Ich wähle dazu den Cometen von
1769: theils weil die wahre Bahn dieſes Cometen ſo genau bekannt iſt: theils weil man eben auf dieſen Cometen auch die mehreſten andern Methoden angewandt hat.
Folgende Beobachtungen ſind aus Pingré Cometographie genommen.

Zeiten	α	β
Sept. 4 14^u 0'	80° 56' 11"	17° 51' 39" ſüdl.
8 14 0	101 0 54	22 5 2
12 14 0	124 19 22	23 43 55

Für dieſe drey Beobachtungen iſt

A	log R
162° 42' 5"	0,003132
166 35 31	0,002665
170 29 20	0,002184

Alſo $t' = t'' = 4$ Tage $\frac{t''}{t'} = 1$, und $T = 8,000$ Tage.

Nun ſteht die Rechnung für M ſo

$$\log \tang \beta'' = 9,608237$$
$$\log \sin (A'' - \alpha'') = 9,959299$$
$$\log m = 9,648938$$

$$\log \sin (A'' - \alpha') = 9,998750$$
$$\log \sin (A'' - \alpha''') = 9,827766$$
$$\log m \sin (A'' - \alpha') = 9,647688$$
$$\log m \sin (A'' - \alpha''') = 9,476704$$

$$\tang \beta''' = 0,43963$$
$$m \sin (A'' - \alpha''') = 0,29971$$
$$\tang \beta''' - m \sin (A'' - \alpha''') = 0,13992$$

$$m \sin (A'' - \alpha') = 0,44431$$
$$\tang \beta' = 0,32221$$
$$m \sin (A'' - \alpha') - \tang \beta' = 0,12210$$

log

$$\log 0,12210 = 9,086716$$
$$\log 0,13992 = 9,145880$$
$$\log M = 9,940836$$

Nun werden die Formeln

$$r'^2 = R'^2 - 2R' \cos(A' - \alpha')\varrho' + \sec\beta'^2 \varrho'^2$$
$$r'''^2 = R'''^2 - 2R''' \cos(A''' - \alpha''')M\varrho' + \sec\beta'''^2 M^2 \varrho'^2$$

berechnet, wobey bekanntlich

$$\sec\beta^2 = \frac{1}{\cos\beta^2}$$

ist, und es findet sich

$$r'^2 = 1,01453 - 0,28854\,\varrho' + 1,10393\,\varrho'^2$$
$$r'''^2 = 1,01011 - 1,21482\,\varrho' + 0,90869\,\varrho'^2$$

für die Chorde

$$k^2 = r'^2 + r'''^2 - 2R' R''' \cos(A''' - A')$$
$$+ 2R''' \cos(A''' - \alpha')\varrho' + 2R' \cos(A' - \alpha''')M\varrho'$$
$$- 2M \cos(\alpha''' - \alpha')\varrho'^2 - 2\tan\beta' \tan\beta''' M\varrho'^2$$

ist

$\log R'$	$= 0,003132$	$\log R'''$	$= 0,00218$
$\log R'''$	$= 0,002184$	$l.\cos(A'''-\alpha')$	$= 7,8940$
$\log\cos(A'''-A')$	$= 9,995976$	$\log$ . .	$7,89618$
$\log$ . .	$0,001292$		
N. Z.	$= 1,00298$	N. Z.	$= 0,007875$

$\log M$	$= 9,940836$	$\log M$	$= 9,940836$
$\log R'$	$= 0,003132$	$\log\cos(\alpha'''-\alpha')$	$= 9,861377$
$\log\cos(A'-\alpha''')$	$= 9,894274$	$\log$ . .	$9,802213$
$\log$ . .	$9,838242$	N. Z.	$= 0,63418$
N. Z.	$= 0,689035$		

$$\log M. = 9,940836$$
$$\log\tan\beta' = 9,508173$$
$$l.\tan\beta''' = 9,643090$$
$$\log\ 9,092099$$
$$N. Z. = 0,12362$$

Damit

Damit find alle Coefficienten beftimmt. Man verdoppele fie, zähle die zufammen die kein ϱ', die ϱ', und die ϱ'^2 multipliciren, und addire fie fodann mit den zugehörigen Zeichen zu $r'^2 + r'''^2$

$$r'^2 + r'''^2 = 2{,}02464 - 1{,}50336\varrho' + 2{,}01262\varrho'^2$$
$$ - 2{,}00596 + 1{,}39382\varrho' - 1{,}51560\varrho'^2$$
$$k''^2 = 0{,}01868 - 0{,}10954\varrho' + 0{,}49702\varrho'^2$$

Die drey Gleichungen find alfo

$$r''' = \sqrt{1{,}01011 - 1{,}21482\varrho' + 0{,}90869\varrho'^2}$$
$$r' = \sqrt{1{,}01453 - 0{,}28854\varrho' + 1{,}10393\varrho'^2}$$
$$k'' = \sqrt{0{,}01868 - 0{,}10954\varrho' + 0{,}49702\varrho'^2}$$

Setzt man nun $\varrho' = 1$, fo ift $r' = 1{,}40\ldots r''' = 0{,}84\ldots$ und $k'' = 0{,}62\ldots$, und damit die Zeit, worinn diefe Chorde befchrieben worden $= 26{,}88$ Tage. Sie wurde aber beobachtet $= 8{,}00$ Tage. Folglich ift diefer Werth von ϱ' viel zu grofs.

Man nehme alfo $\varrho' = 0{,}5$, fo ift $r' = 1{,}07$ $r''' = 0{,}80\ldots k'' = 0{,}297\ldots$, folglich die Zeit $= 11{,}83$ Tage. Noch zu grofs.

Ich fetze alfo $\varrho = \frac{1}{3} = 0{,}333\ldots$ fo wird $r'' = 1{,}02\ldots$, $r''' = 0{,}84\ldots$, $k'' = 0{,}194$ und die Zeit $= 7{,}79$ Tage. Mithin etwas zu klein.

Hieraus fchliefse ich, dafs der wahre Werth von ϱ' nicht viel von $0{,}35$ verfchieden feyn kann. Ich fetze alfo $\varrho' = 0{,}345$ und $= 0{,}350$, und fuche für beyde Werthe die Zeit genauer

$\varrho' = 0{,}345$	$\varrho' = 0{,}350$
$r'' = 1{,}02294$	$r'' = 1{,}02409$
$r''' = 0{,}83616$	$r''' = 0{,}83441$
$k'' = 0{,}20012$	$h'' = 0{,}20304$
$T = 7{,}9271$ Tage	$T = 8{,}0410$ Tage

57

Folglich ist der Fehler der erften Hypothefe — 0,0729, der andern + 0,0410 und hieraus ergiebt fich der wahre Werth von $\varrho' = 0,34820$, und durch leichte Interpolation $r' = 1,02367$, $r''' = 0,83504$ und log $\varrho''' = $ log Mϱ' $= 9,482665$.

§. 47.

Um nun die ganze Bahn zu beftimmen, berechnet man die heliocentrifchen Breiten durch die Formel

$$\sin \lambda = \frac{\varrho \, \tan \beta}{r},$$

demnach ift $\lambda' = 6° \ 17' \ 34''$, $\lambda''' = 9° \ 12' \ 19''$. Ferner die Elongationen von der Erde

$$\sin \varepsilon = \frac{\varrho \sin (A - \alpha)}{r \cos \lambda}$$

wodurch $\varepsilon' = 19° \ 47' \ 47''$, $\varepsilon''' = 15° \ 25' \ 16''$ gefunden wird. Alfo find die heliocentrifchen Längen des Cometen

$$C' = 0^s \ 2° \ 29' \ 52'' \quad C''' = 0^s \ 5° \ 54' \ 36''.$$

Durch die Formel

$$\cot \omega = \frac{\tan \lambda'''}{\tan \lambda' \sin (C''' - C')} - \cot (C''' - C')$$

ergiebt fich $\omega = 7° \ 11' \ 45''$. Folglich ift die Länge des niederfteigenden Knotens (denn die Breiten find füdlich) $= C' - \omega = 0^s \ 2° \ 29' \ 52'' - 7° \ 11' \ 45'' = 11^s \ 25° \ 18' \ 7''$. Die Inclination wird durch

$$\tan i = \frac{\tan \lambda'}{\sin \omega}$$

$= 41° \ 21' \ 30''$ gefunden. Nun fucht man u' und u''', wofür wir haben

$$\cos u' = \cos \lambda' \cos \omega,$$
$$\cos u''' = \cos \lambda''' \cos (C''' - C' + \omega)$$

alfo

alſo $u' = 9°\ 32'\ 54''$, $u''' = 14°\ 0'\ 40''$, und $u''' - u' = \chi = 4°\ 27'\ 46''$. Ich ſuche hier φ, oder die wahre Anomalie für die dritte Beobachtung, weil dieſe der Sonne näher iſt, mittelſt der Formel

$$\tan \tfrac{1}{2}\varphi = \cot \tfrac{1}{2}\chi - \frac{\dfrac{r'''}{r'}}{\sin \tfrac{1}{2}\chi}$$

giebt $\tfrac{1}{2}\varphi = 67°\ 56'\ 12''$, alſo wahre Anomalie des Cometen in der dritten Beobachtung $= 135°\ 52'\ 24''$. Addirt man zu φ die Entfernung des Cometen vom ☋, oder $u''' = 14°\ 0'\ 40''$, ſo erhält man die Entfernung der Sonnennähe vom niederſteigenden Knoten $= 149°\ 53'\ 4''$: alſo Länge des Perihelinms $4^z\ 25°\ 11'\ 11''$. Der Abſtand in der Sonnennähe π iſt

$$\pi = r''' \cos \tfrac{1}{2}\varphi^2$$

$= 0,11782$. Woraus denn auch endlich die Zeit von der dritten Beobachtung bis zum Perihelium $= 24$ Tage 20 Stunden 22', folglich die Zeit des Perihelinms October 7 10^u 22' gefunden wird.

§. 48.

Die gefundenen Elemente ſind alſo folgende:

Länge des ☋ $\quad 5^z\ 25°\ 18'\ 7''$
Neigung der Bahn $\quad 41°\ 21'\ 30''$
Länge der Sonnennähe $\quad 4^z\ 25'\ 11'\ 11''$
Abſtand der Sonnennähe $\quad 0,11782$
Zeit der Sonnennähe 1769 Oct. 7 10^u 22'

Vergleicht man dieſe Elemente mit den bekannten, ſo zeigt ſich, daſs ſie den wahren ſehr nahe kommen. Beſonders ſtimmen ſie faſt ganz genau mit denen, die Lambert angegeben hat, überein, die gleichfalls aus Beobachtunachtungen vor der Sonnennähe, nur mit viel gröfserer Mühe und wiederholter Arbeit berechnet worden find. Die bey Lambert und hier etwas zu grofs herauskommende Inclination fcheint man mehr den Beobachtungen als der Methode zufchreiben zu können. Herr Pingré hat mittelft derfelben Beobachtungen, die ich hier gebraucht habe, nach Herrn de la Place Methode die Bahn des Cometen berechnet: fein Abftand und Zeit des Perihelíums, (die andern Elemente hat er nicht beftimmt) weichen vielmehr von den wahren ab, als die hier gefundenen: und wie ungleich kürzer unfere Rechnung fey, wird eine auch nur flüchtige Vergleichung zeigen.

§. 49.

Da fich in diefem Beyfpiel Fehler der Methode und der Beobachtungen vermengen, will ich hier noch ein zweytes geben, worauf letztere keinen Einflufs haben können. Folgende Längen und Breiten des Cometen von 1681 find nicht beobachtet, fondern von Halley aus feiner parabolifchen Theorie diefes Cometen berechnet, und wir können alfo nun fehen, wie genau fich daraus die Abftände von Erde und Sonne durch unfere Methode wieder werden berechnen laffen.

Zeiten		α			β		
Jan. 5	6^u $1\frac{1}{2}'$	0^z	$8°$	$49'$ $49''$	$26°$	$15'$	$15''$
9	7 0	0	18	44 36	24	12	54
13	7 9	0	26	0 21	22	17	30

Für diefe Zeiten ift

	A			log R
9^z	$26°$	$22'$	$18''$	9,99282
10	0	29	2	9,99303
10	4	33	20	9,99325

Alfo ift $t' = 4{,}0411$, $t'' = 4{,}0055$, und $T = 8{,}0466$.

Hier-

Hieraus findet sich nun

$$\log M_{\bullet} = 0,137562$$

und damit laſſen ſich die drey quadratiſchen Gleichungen

$$r' = \sqrt{0,96754 - 0,59292\, \varrho' + 1,24328\, \varrho'^2}$$
$$r''' = \sqrt{0,96941 - 0,40185\, \varrho' + 2,20087\, \varrho'^2}$$
$$k'' = \sqrt{0,019726 - 0,122756\, \varrho' + 0,265982\, \varrho'^2}$$

leicht berechnen. Setzt man nun $\varrho' = 1$, ſo iſt $r' = 1,27..$, $r''' = 1,65...$, und $k'' = 0,40..$ und damit $T = 19,75$. Es iſt aber $T = 8,0466$. Folglich giebt dieſe Vorausſetzung einen Fehler von 11,70 Tagen zu viel. Man nehme $\varrho' = 0,5$, ſo iſt $r' = 0,99...$, $r''' = 1,14..$, $k'' = 0,155$ und $T = 6,15$ Tage. Alſo der Fehler dieſer Vorausſetzung 1,90 Tage zu wenig.

Hieraus ſchlieſse ich, daſs ϱ' nicht ſehr von 0,56 entfernt ſeyn kann. Nun iſt für

$\varrho' = 0,56$	$\varrho' = 0,57$
$r' = 1,01262$	$r' = 1,01662$
$r''' = 1,19773$	$r''' = 1,20641$
$k'' = 0,18546$	$k'' = 0,19020$
$T = 8,0121$	$T = 8,2402$

Der Fehler der erſten Vorausſetzung iſt $= -0,0345$: der Unterſchied unter beyden Werthen von $T = 0,2281$. Folglich iſt die curtirte Diſtanz, oder $\varrho' = 0,56151$: und mithin

$$r' = 1,0139$$
$$r''' = 1,1991$$

Nach Halleys Theorie war um dieſe Zeit

$$r' = 1,0144$$
$$r''' = 1,2000$$

Man ſieht alſo, daſs unſere Methode dieſe Diſtanzen bis auf die dritte Decimal-Stelle ganz genau angiebt.

§. 50

§. 50.

Diese Beyspiele werden hinreichend die Bequemlichkeit, Kürze und Sicherheit der hier vorgeschlagenen Berechnungsart einer Cometenbahn zeigen. Ich werde nur noch einige Bemerkungen beyfügen. Um aus den beyden *radiis vectoribus* und der Chorde r', r''', k'' die Zeit T zu berechnen, hat man die Formel

$$T = \frac{\left(\frac{r' + r''' + k''}{2}\right)^{\frac{3}{2}} - \left(\frac{r' + r''' - k''}{2}\right)^{\frac{3}{2}}}{3 m \sqrt{2}}.$$

Um sie bequemer aufzulösen, hat man Tafeln berechnet. Man nimmt nemlich

$$B = \frac{r' + r''' + k''}{2}$$

und

$$D = \frac{r' + r''' - k''}{2}$$

und sucht für B und D in den Tafeln die zugehörigen Zeiten, deren Differenz, oder wenn der Winkel an der Sonne mehr als 180° beträgt, deren Summe die Zeit T giebt.

Solche Tafeln finden sich in der Berliner Sammlung, doch sind diese nicht sehr correct. Besser und genauer hat sie Hr. Pingré in seiner Cometographie geliefert.

Da diese Tafeln nur durch alle hundert Theile von B und D gehn, so habe ich ihren Gebrauch nur dann bequem finden können, wenn, wie bey den ersten vorläufigen Versuchen mit einem Werth von ϱ', keine große Schärfe erforderlich ist. Will man genau rechnen, so erfordert der Proportionaltheil viele Mühe, besonders da man sich fast nie mit den ersten Differenzen begnügen kann. Hier ist es ungleich leichter, unmittelbar aus B

und

und D die zugehörigen Zeiten zu berechnen. Diefs geschieht sehr bequem durch die Formeln

$\log z' = \log B + \frac{1}{2} \log B + 1{,}4378117$
$\log z'' = \log D + \frac{1}{2} \log D + 1{,}4378117$

wobey $z' - z''$ sodann die Zeit, worin die Chorde beschrieben worden, in Tagen und Decimaltheilen derselben angiebt. Es sey z. B. wie im vorigen §. $r' = 1{,}01262$, $r''' = 1{,}19773$, $k'' = 0{,}18546$, so steht die Rechnung so

$r' = 1{,}01262$
$r''' = 1{,}19773$
Summe $= 2{,}21035$
$\frac{1}{2}$ Summe $= 1{,}10517$
$\frac{1}{2} k'' = 0{,}09273$
$B = 1{,}19790$
$D = 1{,}01244$

$\log B = 0{,}078421$		$\log D = 0{,}005369$
$\frac{1}{2} \log B = 0{,}039211$		$\frac{1}{2} \log D = 0{,}002685$
$\log$ const $= 1{,}437812$		$\log$ const $= 1{,}437812$
$\log z' = 1{,}555444$		$\log z'' = 1{,}445866$
$z' = 35{,}9290$		$z'' = 27{,}9169$

Der Unterschied zwischen beyden giebt die Zeit $T = 8{,}0121$ Tage. Wo die Schärfe bis auf einzelne Zeitsecunden getrieben werden soll, muſs man noch die fünfte Decimalstelle mitnehmen. Denn $1'''$ ist $= 0{,}0000116$ eines Tages, und $0{,}0001$ eines Tages $= 8''',64$.

§. 51.

Bey etwas langwierigen Rechnungen ist es immer gut, von Zeit zu Zeit Prüfungsmittel zu haben, wodurch man sich von der Richtigkeit der geführten Rechnung überzeugen kann. Die hier vorgeschlagene Methode bietet mehrere dergleichen dar. Am Ende der Rechnung wird es indessen gut seyn, aus den gefundenen Elementen und den Zeiten der Beobachtung wieder χ, und sodann

dann auch die geocentrifche Länge und Breite des Cometen zur Zeit der mittlern Beobachtung zu berechnen. Erfteres verfichert von der Rechnung, wenigftens von dem letztern Theile derfelben: letzteres zeigt zugleich die gröfsere oder geringere Genauigkeit der gefundenen Bahn. So finde ich aus den für den Cometen von 1769 im §. 47. 48. herausgebrachten Elementen am 8ten Sept. um 14 Uhr, die wahre Anomalie $= 138° 19' 55''$ und den Logarithmen feines Abftandes von der Sonne $= 9,969155$, hieraus die geocentrifche Länge $= 3^z 10° 57' 57'$, die Breite $= 22° 5' 52''$ füdlich. Der Fehler in Aufehung der Länge ift $-2' 57''$, in Anfehung der Breite $+0' 30''$. Fehler, die für die erfte rohe Beftimmung einer Cometenbahn klein genug find.

§. 52.

Man hat viele Tafeln, um aus der gegebenen Zeit die wahre Anomalie eines Cometen, und aus der wahren Anomalie die Zeit zu finden, worin der Comet fie befchrieben hat. Sie find in vielen aftronomifchen Werken und Sammlungen anzutreffen. Die bequemfte und vollftändigfte ift unftreitig diejenige, die in einem nicht corpulenten, wenig bekannten, aber fehr fchätzbaren Buche: *Barcker Account of the Discoveries concerning Comets, London 1757. gr. 4.* enthalten ift. Die zweyte Tafel diefes kleinen Werks giebt für alle fünf Minuten der wahren Anomalie den zugehörigen parabolifchen Raum, und den Logarithmen des Abftandes des Cometen, deffen Diftanz in der Sonnennähe $= 1$ ift, mit den erften Differenzen an, und hieraus läfst fich für jeden Cometen, und jede gegebene Zeit vom Perihelium in aller Schärfe wahre Anomalie, und Abftand von der Sonne

durch

durch eine Rechnung finden, die viel leichter ist, als bey den gewöhnlichen Cometentafeln. *) Es ist sehr zu bedauern, dafs Barkers Abhandlung dem Hrn. Pingré unbekannt geblieben ist. **)

*) Eben wegen dieser vorzüglichen Bequemlichkeit und Seltenheit des engl. Originals ist diese fast ganz unbekannte und nirgends sonst erschienene Tafel, hier ganz abgedruckt worden, wodurch man sowohl dem Wunsch des Hn. Verf. nachzukommen, als auch den Astronomen einen angenehmen Dienst zu erweisen hofft. Anweisung und Beyspiele zur Erläuterung ihres Gebrauchs, wird man bey der Tafel selbst finden.

Anmerk. d. Herausgebers.

**) Der vollständige Titel des angeführten Werks heifst: *An Account of the Discoveries concerning comets, with the way to find their orbits, and some improvements in constructing and calculating their places, for wich reason are here added new tables, fitted to those purposes: particularly with regard to that comet, which is soon expected to return, by Thomas Barker, Gent. London, J. Whiston and B. White. 1757.* gr. 4. 54 Seit. und eine Kupfertafel. Die darinn vorgetragene Methode zur Findung einer Cometenbahn ist die Newtonsche, die Barker zur Rechnung eingerichtet und erläutert hat, indem er alle aufzulösende Triangel und Proportionen vollständig angiebt. Für Liebhaber der Cometengeschichte führe ich noch drey ganz unbekannte Beobachtungen des grofsen und berühmten Cometen von 1744 daraus an, die Barkern von Morris mitgetheilt, und fast 1½ Monat vor den bisher bekannten gemacht wurden

	Länge	Breite
1743 Oct. 22	2ˢ 26° 46'	7° 35' N.
27	24 14	8 28
Novb. 1	21 25	9 26

Die Stunde ist nicht bestimmt: Barker glaubt, dafs man etwa 8 oder 9 Uhr Abends (8U. 17') annehmen kann, und findet auch diese Beobachtungen mit den parabolischen Elementen des Cometen übereinstimmend.

§. 53.

§. 53.

Endlich muſs ich noch, ehe ich dieſen Abſchnitt ſchlieſse, anführen, daſs Hr. Schulze in den Abhandlungen der Berliner Akademie der Wiſſenſchaften eine Methode zur Berechnung der Cometen vorgeſchlagen hat, die mit der hier vorgetragenen in Anſehung der Grundſätze, worauf ſie beruht, und in Anſehung des Ganges der Rechnung, einige Aehnlichkeit hat. Dieſe Rechnung des Hrn. Schulze iſt indeſſen viel weitläuftiger und unbequemer: hauptſächlich wohl deswegen, weil er nicht vorausſetzt, daſs auch die Chorde der Erdbahn im Verhältniſs der Zeiten geſchnitten werde, und weil er ſtatt des curtirten Abſtandes von der Erde, den Abſtand des Cometen von der Sonne in der erſten Beobachtung als die zu ſuchende unbekannte Gröſse annimmt.*) Zugleich iſt dabey ein kleiner Übereilungsfehler vorgefallen. Herr Schulze ſagt nemlich, Lambert habe bewieſen, daſs bey faſt gleichen Zwiſchenzeiten der *radius vector* in der mittlern Beobachtung die Chorde der Cometenbahn ſehr nahe im Verhältniſs der Zeiten ſchneide: *pourvu qu'on emploie des obſervations aſſez diſtantes entr'elles*. Man würde dieſs bloſs für einen Druckfehler halten: allein bey Anwendung ſeiner Methode auf den Cometen von 1779 wählt er wirklich die von einander entfernteſten Beobachtungen, die er nur hatte, macht die Zwiſchenzeit von mehr als 80 Tagen, und bringt deswegen auch ganz natürlich Elemente dieſes Cometen heraus, die von den wahren ungemein verſchieden ſind.

Vier-

---

*) *Moyen ſimple et facile pour déterminer par approximation l'orbite d'une comète. Nouveaux Mémoires de l'Académie* 1782. *p*. 129 *ſqq*.

Vierter Abschnitt.
Verbesserung der gefundenen Elemente einer Cometenbahn.

§. 54.

Die im vorigen Abschnitt vorgetragene Methode, die Bahn eines Cometen aus drey Beobachtungen zu bestimmen, lehrt die Elemente derselben noch nicht genau genug kennen, sondern diese bedürfen nachmals noch immer einer Verbesserung und Berichtigung. Theils nemlich ist das Verfahren selbst nicht ganz genau, da eine Voraussetzung dabey angenommen ist, die nicht immer vollkommen mit der Wahrheit zutreffen wird: theils lassen sich auch nur Beobachtungen dabey brauchen, die nicht sehr von einander entfernt sind, deren unvermeidliche Fehler einen um so viel grössern Einfluss auf die Elemente haben, je kleiner die Zwischenzeiten sind.

§. 55.

Wenn man also sehr von einander entfernte Beobachtungen eines Cometen hat, oder, welches gleich viel ist, wenn der Comet, dessen Bahn man berechnet, lange gesehn und beobachtet worden ist, so würde man sich unnöthiger Weise damit aufhalten, wenn man blos die obige Rechnung verbessern wollte. Man muss vielmehr dann sogleich eine Verbesserungs-Methode wählen, bey der man von den unter sich entferntesten Beobachtungen Gebrauch machen kann. Hierzu werde ich die bequemsten unten vorschlagen. Ist hingegen, welches sehr oft

oft der Fall ist, der Comet nicht lange, z. B. nur zwey bis drey Wochen gesehen worden, so kann man es lediglich bey Verbesserung des im vorigen Abschnitt vorgetragenen Verfahrens bewenden lassen. Diese Verbesserung ist, wie sich gleich zeigen wird, sehr leicht und bequem. Man thut auch sodann wohl, wenn man gleich Beobachtungen bey der ersten Rechnung zum Grunde legt, die nicht zu nahe bey einander sind. Die Zwischenzeit kann ohne Bedenken 12, 14, 16 und mehr Tage betragen, besonders wenn der scheinbare Abstand des Cometen von der Sonne nicht zu klein ist.

§. 56.

Unsere Methode nemlich würde, wie schon oft erinnert ist, eine geometrische Schärfe haben, wenn wirklich, wie dabey angenommen ist, die mittlern *radii vectores* sowohl die Chorde der Erdbahn, als die Chorde der Cometenbahn im Verhältniss der Zwischenzeiten schnitten. Denn so wäre in der That,

$$\varrho''' = M \varrho'$$

Da dies aber sehr selten völlig zutreffen kann, so wird eigentlich

$$\varrho''' = (M + v) \varrho' + h$$

seyn. Jetzt, da man die Cometenbahn schon beyläufig kennt, lassen sich nun die Werthe von v und h finden.

§. 57.

Fig. 1.

Für die Erdbahn ist nemlich eigentlich:

$$ad : dc = R' \sin (A'' - A') : R''' \sin (A''' - A'')$$

Für die Cometenbahn berechne man sobald man ϱ' aus

den Gleichungen nach §. 41. gefunden hat, durch die Formeln des §. 43. Zeit und Abstand des Periheliums, und hieraus die wahre Anomalie ω zur Zeit der mitlern Beobachtung. Damit ergeben sich, weil φ und χ ohnedem schon bekannt sind, die Unterschiede der wahren Anomalien zwischen der ersten und zweyten Beobachtung $= \tau$, und zwischen der zweyten und dritten Beobachtung $= \sigma$, denn es ist

$$\tau = \omega - \varphi$$
$$\sigma = \varphi + \chi - \omega = \chi - \tau$$

und sodann ist für die Chorde der Cometenbahn

$$AD : DC = r' \sin \tau : r''' \sin \sigma.$$

Damit sind also die wahren Verhältnisse von $ad : dc$ und von $AD : DC$ bekannt.

§. 58.

Fig. 2.

Wir müssen nun wieder zu der zweyten Figur zurückkehren. Es sey demnach adc die Chorde der Erdbahn auf die Ebene projicirt, auf der der mittlere Radius Vector für die Erde senkrecht steht, aA, dD, cC, die gleichfalls projicirten Gesichtslinien §. 38., so ist

$$CO : AM = \frac{CD}{\sin COD} : \frac{AD}{\sin DMA}$$

$$cO : aM = \frac{cd}{\sin COD} : \frac{ad}{\sin DMA}$$

folglich

$$CO + cO = \delta''' =$$
$$\left(\frac{CD \cdot AM}{DA} + \frac{aM \cdot cd}{ad} \right) \frac{\sin DMA}{\sin COD}.$$

Setzt

Setzt man nun $aM = f$, so ist, da $Aa = \delta'$ ist, $AM = \delta' - f$. Ferner haben wir, wie in §. 38 $DMA = b'' - b'$, $COD = b''' - b''$. Also ist die Formel

$$\delta''' = \frac{\sin(b'' - b')}{\sin(b''' - b'')} \left(\frac{DC}{DA}(\delta' - f) + \frac{dc}{ad}f \right)$$

Man weiſs nun, daſs die Verhältniſſe $\frac{DC}{DA}$ und $\frac{cd}{ad}$ beyde nicht viel von dem Verhältniſſe $\frac{t''}{t'}$ verschieden sind. Es sey also

$$\frac{DC}{DA} = \frac{t''}{t'} + p$$

$$\frac{cd}{ad} = \frac{t''}{t'} + q$$

wobey also §. 57

$$p = \frac{r''' \sin \sigma}{r' \sin \tau} - \frac{t''}{t'}$$

$$q = \frac{R''' \sin(A''' - A'')}{R' \sin(A'' - A')} - \frac{t''}{t'}$$

so wird

$$\delta''' = \frac{\sin(b'' - b')}{\sin(b''' - b'')} \left(\frac{t''}{t'}\delta' + p\delta' - pf + qf \right)$$

Da nun §. 38

$$\frac{\sin(b'' - b') \, t''}{\sin(b''' - b'') \, t'} = N$$

so ist

$$\delta''' = N\left(1 + \frac{t'}{t''}p\right)\delta' + \frac{(q-p)f\sin(b''-b')}{\sin(b'''-b'')}$$

Nun ist nach §. 38

$$\varrho' = \frac{\delta' \cos b'}{\sin (A''-a')} \quad \text{und} \quad \varrho''' = \frac{\delta''' \cos b'''}{\sin (A''-a''')}$$

also

$$\varrho''' = M \left(1 + \frac{t'}{t''}\right)\varrho' + \frac{(q-p)\sin (b''-b')\cos b'''}{\sin (b'''-b'')\sin (A''-a''')} f$$

Es ist aber

$$f = \frac{ad \sin b''}{\sin (b''-b')} = \frac{R' \sin (A''-A')\sin b''}{\sin (b''-b')}.$$

Setzt man diesen Ausdruck von f in den zweyten Theil des Werths von ϱ''', so wird derselbe

$$h = \frac{R' \sin (A''-A')(q-p)\tang b''}{(\tang b'''-\tang b'')\sin (A''-a''')}$$

oder wenn man für tang b'', tang b''', ihre Werthe setzt, nach §. 38.

$$h = \frac{R' \sin (A''-A')(q-p)\tang \beta''}{\tang \beta''' \sin (A''-a'')-\tang \beta'' \sin (A''-a''')}$$

$$= \frac{R' \sin (A''-A')(q-p)m}{\tang \beta''' - m \sin (A''-a''')}$$

so daſs der Nenner derselbe ist, den wir oben §. 38 für M gebrauchten. Und so heiſset die ganze Gleichung

$$\varrho''' = M \left(1 + \frac{t'}{t''} p\right)\varrho' + \frac{R' \sin (A''-A')(q-p)m}{\tang \beta''' - m \sin (A''-a''')}$$

§. 59.

Damit haben wir also die Werthe von v und h in der Gleichung

$$\varrho''' = (M + v)\varrho' + h.$$

das ist, den Einfluſs der kleinen Gröſsen p, und q, die

wir

wir bey der erften Auflöfung ganz vernachläfsigten, auf den Werth von ϱ''' beftimmt. Man könnte damit nun die Verbefferung der vorigen Rechnungen fuchen. Allein eine Bemerkung wird diefe Arbeit noch fehr abkürzen. Es kann nemlich das ϱ', das uns unfere vorige Rechnung gab nur fehr wenig von dem wahren, welches wir nun fuchen, verfchieden' feyn. Bezeichnet man jenes zum Unterfchiede mit (ϱ), fo wird man, da h über dem nur klein' ift, ohne allen merklichen Fehler

$$\frac{h\varrho'}{(\varrho)} = h$$

in die Gleichung für ϱ''' fetzen können. Damit ift alfo

$$\varrho''' = M \left(1 + \frac{t'}{t''} p + \frac{h}{(\varrho)} \right) \varrho'$$

und alfo gerade zu

$$\varrho''' = (M + \upsilon) \varrho'$$

wobey

$$\upsilon = \frac{M t'}{t''} p + \frac{h}{(\varrho)}$$

§. 60.

Um alfo die zwey Gleichungen für r''' und k'' zu verbeffern darf man nur alle Coefficienten, die M enthalten, mit

$$\frac{M + \upsilon}{M} = H$$

und diejenigen, die M^2 enthalten, mit H^2 multipliciren. Die Gleichung für r' bleibt ungeändert. Da man die Logarithmen diefer Coefficienten aus der vorigen Rechnung vor fich hat, fo ift diefs Verfahren nichts weniger als befchwerlich.

§. 61.

§. 61.

Es wird indeſſen wohl gut ſeyn, die zur Beſtimmung von H nöthigen Formeln aus den vorigen §. §. mehrerer Deutlichkeit wegen zu ſammlen, um ſie beſſer überſehen zu können. Sobald man alſo aus der erſten Rechnung den genäherten Werth von $\varrho' = (\varrho)$, die Zeit und den Abſtand des Periheliums, und ω, mithin τ und σ gefunden hat, §. 57., ſo berechne man

$$p = \frac{r''' \sin \sigma}{r' \sin \tau} - \frac{t''}{t'}$$

$$q = \frac{R''' \sin (A''' - A'')}{R' \sin (A'' - A')} - \frac{t''}{t'}$$

und ſodann

$$h = \frac{R' \sin (A'' - A') (q-p) m}{\tan \beta''' - m \sin (A'' - \alpha''')}$$

und ſo iſt

$$H = 1 + \frac{t'}{t''} p + \frac{h}{(\varrho) M}.$$

Da in dem letzten Gliede der Gleichung für H, das h wider mit M dividirt vorkömmt, h und M aber, den Factor t'' abgerechnet, einerley Nenner haben, ſo iſt noch bequemer zur Rechnung

$$\frac{h}{(\varrho) M} = \frac{R' \sin (A'' - A') (q-p) m t'}{(\varrho) [m \sin (A'' - \alpha') - \tan \beta'] t''}$$

Mit dieſem Werthe von H wird ſodann die Verbeſſerung der Coefficienten vorgenommen. Man wird alſo zwey neue, von den vorigen ſehr wenig verſchiedene Gleichungen für r''' und k'' erhalten, woraus ſich der verbeſſerte Werth von ϱ' um ſo leichter wird finden laſſen, da man aus dem vorher gefundenen Werth von (ϱ) ſchon ſehr nahe die Gränzen kennt, zwiſchen denen er enthalten

halten seyn muss. Zwey Hypothesen für $\varrho'_{\prime}$, und eine nachmalige leichte Interpolation sind dazu vollkommen hinreichend.

§. 62.

Um den Gang der Rechnung noch mehr zu erläutern, will ich das Beyspiel von den Cometen von 1769 aus §. 46. 47. wieder vornehmen. Wir haben schon $\omega = 138° \ 19' \ 55''$ in §. 51. gefunden. Nun ist

$$\varphi = 135° \ 52' \ 24''$$
$$\chi = 4° \ 27' \ 46''$$

also

$$\sigma = 2° \ 27' \ 31''$$
$$\tau = 2° \ 0' \ 15''$$

Ferner war $r' = 1,02367$, und $r''' = 0,83504$.

Folglich für p.

$\log r' = 0,010160$	$l. \ r''' = 9,921707$
$l. \sin \tau = \underline{8,543722}$	$l. \sin \sigma = \underline{8,632433}$
$l. \ r' \sin \tau = 8,553882.$	$l. \ r''' \ l. \ \sigma \ \ 8,554140$
	$l. \ r' \sin \tau \ \underline{8,553882}$
	$\log. \ 0,000258$

Zu diesem Logarithmus gehört die Zahl 1,00060. Da nun in unserm Fall $\frac{t''}{t'} = 1$, so ist $p = 0,00060$.

Für q haben wir $A'' - A' = 3° \ 53' \ 26''$, und $A''' - A'' = 3° \ 53' \ 49''$, also

$l. \ R' = 0,003132$	$l. \ R''' = 0,002184$
$l. \ l. \ (A'' - A') = \underline{8,831555}$	$l. \ l. \ (A''' - A'') = 8,832267$
$l. R'l. (A''-A') = 8,834687$	$l. R'''l. (A'''-A'') = 8,834451$
	$l. R'l. (A'' - A') = \underline{8,834687}$
	$\log. \ 9,999764$

Zu diefem Logarithmus gehört die Zahl 0,99946; alfo ift
$q = -0,00054$. Um nun $\dfrac{h}{(\varrho)\,M}$ zu finden, fo ift

$$q = -0,00054$$
$$p = +0,00060$$
$$q-p = -0,00114$$

demnach

$$\log R'\sin(A'' - A') = 8,834687$$
$$\log(q-p)\ \ .\ \ .\ \ 7,056905$$
$$\log m\ \ .\ \ .\ \ .\ \ 9,648938$$
$$5,540530$$
$$^*)\ \log 0,12210\ \ .\ \ 9,086716$$
$$\log(\varrho)\ \ .\ \ .\ \ 9,541829$$
$$\log \dfrac{h}{(\varrho)\,M} = 6,911985$$

Alfo ift, da hier $t' = t''$,

$$\dfrac{h}{(\varrho)\,M} = -0,00082$$
$$p\,\dfrac{t'}{t''} = +0,00060$$

Folglich

$$H = 1 + p\,\dfrac{t'}{t''} + \dfrac{h}{(\varrho)\,M} = 0,99978$$

Alfo ift $H = 0,99978$, und Logar. $H = 9,999904$. Man darf alfo, um die verbefferten Coefficienten in den Gleichungen für r''', k'', zu erhalten, von den Logarithmen der Glieder, die M enthalten, nur 96, als das Complement des Logarithmus H zu 1, und von denen die M^2 enthalten, 192 abziehn, um die Logarithmen

der

---

*) 0,12210 ift nemlich der vorhin §. 46 berechnete Werth des Zählers für $M = m\sin(A'' - \alpha') - \tan\beta'$.

der wahren Werthe für diese Glieder zu finden. Damit findet man also sehr leicht

$$r''' = r\sqrt{1,01011 - 1,21455\,\varrho' + 0,90829\,\varrho'^2}$$
$$k'' = r\sqrt{0,01868 - 0,10958\,\varrho' + 0,49694\,\varrho'^2}$$

Diese Gleichungen sind indessen hier, da H so nahe $= 1$ ist, so wenig von den vorigen verschieden, dass es sich nicht der Mühe lohnt, ϱ' von neuem daraus zu suchen, zumal da die Rechnung ganz mit den §. 46. überein kömmt. Man sieht, wie nahe die Voraussetzung, dass die Chorden im Verhältnis der Zwischenzeiten geschnitten worden, für eine Zwischenzeit von acht Tagen zutrifft. Ich erinnere nur noch, dass man gleich Anfangs den Werth für M, und nochmals die kleinen Bögen, σ, τ, A'' — A', A''' — A'', genau genug berechnen muss, damit nicht aus Nachlässigkeit in der Rechnung die gesuchte Verbesserung misslich ausfalle.

§. 63.

Diefs ist also, wie es in die Augen fällt, eine sehr leichte Methode, die erste Rechnung über die Elemente der Cometenbahn zu verbessern; und man wird alsdenn die Elemente so genau bestimmen, als sie sich nur immer aus drey nicht sehr weit von einander entfernten Beobachtungen finden lassen. Aber durch einander nahe Beobachtungen wird die Bahn eines Cometen nie genau gefunden, theils weil alle Beobachtungen aus mehrern Ursachen immer fehlerhaft sind, und theils auch deswegen, woran man selten zu denken scheint, weil wir die Länge der Sonne noch eben nicht bis zu einzelnen Secunden genau berechnen können, wenigstens vor Herr
de

de Lambre, und Herr von Zach neuern Bemühungen noch weiter zurückblieben. Eine Unzuverläſsigkeit oder ein Fehler von 10" in der Länge der Sonne kann unter gewiſſen Umſtänden gröſsere Folgen haben, als ein Fehler von einer oder gar mehreren Minuten in der beobachteten Länge und Breite des Cometen. Eine Warnung für den Rechner, den Ort der Sonne bey jeder Beobachtung mit gehöriger Sorgfalt zu ſuchen. Fehler aber in der Länge, oder dem Abſtande der Sonne, oder in der beobachteten Länge und Breite des Cometen haben natürlich einen ſo viel gröſseren Einfluſs auf die Beſtimmungsſtücke der Cometenbahn, je näher die Beobachtungen unter einander ſind, und je kleiner alſo das in der Zwiſchenzeit beſchriebene Stück der Cometenbahn iſt.

§. 64.

Man hat verſchiedene Methoden angegeben, um auch die unter ſich entfernteſten Beobachtungen zur Correction einer ſchon beyläufig bekannten Cometenbahn brauchen zu können. Man kann ſie indeſſen auf drey vorzügliche reduciren: nemlich die Methode des Herrn Lambert, des Herrn de la Place, und des groſsen Newtons. Alle drey wollen wir näher unterſuchen, und mit einander vergleichen.

§. 65.

Lambert ſchlägt vor, die Diſtanzen des Cometen von der Erde in drey Beobachtungen aus der Conſtruction, oder aus einer erſten Rechnung zu nehmen, ihre Unterſchiede von den wahren als Differential-Gröſsen anzuſehen, deren Potenzen man bey der Rechnung weglaſſen

laſſen kann, und aus den beobachteten Zwiſchenzeiten den
Betrag dieſer Unterſchiede zu beſtimmen. Es mögen die
drey aus der Conſtruction, oder der erſten Rechnung gefundenen Diſtanzen des Cometen von der Erde a, b, c,
ſeyn, ſo nimmt er für die wahren Diſtanzen $a+x$,
$b+y$, $c+z$ an: drückt dadurch die Abſtände des Cometen von der Sonne, und die Chorden der Cometenbahn zwiſchen der 1ten und 2ten, 2ten und 3ten, 1ten
und 3ten Beobachtung aus, und vergleicht dieſe vermittelſt eines Theorems mit den beobachteten Zwiſchenzeiten. Da er alle Potenzen von x, y, z weg läſst, ſo erhält er ihren Werth natürlich durch lineariſche Gleichungen. Allein die Rechnung iſt nicht wenig beſchwerlich
und weitläuftig, und dieſs, wie ich aus eigener Erfahrung behaupten kann, in einem ungleich gröſsern Grade,
als ſie vielleicht auf den erſten Anblick der von La m-
b e r t berechneten Beyſpiele ſcheinen dürfte.

§. 66.

Ungleich bequemer iſt es nemlich, von den beyläufig bekannten Elementen zwey zu wählen, dieſe mit
drey Beobachtungen zu vergleichen, um zu ſehn, ob ſie
mehr oder weniger damit übereinſtimmen: dann nach-
zurechnen, was kleine Veränderungen in dieſen Elementen bey jener Vergleichung ändern werden. Dadurch wird der Fehler dieſer beyden Elemente bekannt,
und daraus laſſen ſich ſo wohl die zum Grunde der Rechnung angenommen, als auch die übrigen Beſtimmungsſtücke der Bahn genau finden, oder verbeſſern.

§. 67.

Herr de la Place wählt hierzu Zeit und Abſtand
des Perihelium s. Er nimmt dafür drey Hypotheſen an,

die

die wenn τ die Zeit der Sonnennähe, π den Abſtand der Sonnennähe, wie ſie die Conſtruction, oder die zu verbeſſernde Rechnung gegeben hatte, und r, s, kleine willkührliche Gröſsen bedeuten, ſich ſo vorſtellen laſſen.

1te Hypotheſe. 2te Hypotheſe. 3te Hypotheſe.

$$\frac{\tau}{\pi} \qquad \frac{\tau + r}{\pi} \qquad \frac{\tau}{\pi + s}.$$

Nun berechnet er für die Zeiten dreyer unter ſich ſo entfernter Beobachtungen, als er nur haben kann, aus jeder der drey Hypotheſen die Unterſchiede der wahren Anomalien, und die Abſtände des Cometen von der Sonne. Aus den drey Abſtänden des Cometen von der Sonne, und den beobachteten geocentriſchen Längen und Breiten findet er durch eine nicht beſchwerliche Rechnung wieder die Unterſchiede der wahren Anomalien. Stimmen die auf dieſe beyden Arten gefundenen Unterſchiede der wahren Anomalien mit einander für eine dieſer Hypotheſen überein, ſo giebt dieſe Zeit und Abſtand des Perihelium richtig an; wo nicht, ſo läſſt ſich doch aus dieſen drey Vergleichungen, auf eine ganz ähnliche Art, wie wir es gleich bey der Newtonſchen Methode ſehen werden, die wahre Zeit und der wahre Abſtand des Perihelium finden. Ich halte mich um ſo weniger bey einer weitläuftigern Auseinanderſetzung dieſer Methode auf, da Herr de la Place ſelbſt,*) und nach ihm Herr Pingré ſie ſo umſtändlich erläutert haben. **)

§. 68.

*) *Mem. de l'Acad. Roy. des Sciences de Paris. 1780. p. 13 ſq.* Pingré *Cométographie Tom. II. p. 368 ſq.*

**) Da die Formeln des Herrn la Place noch in keinem deutſchen Werke erſchienen, und das Werk des Herrn de la Place, *Théorie du mouvement et de la figure elliptique des Planètes*. Paris 1784 ſelten iſt, worinn dieſe Methode noch

§. 68.

So bequem und brauchbar diese Methode auch ist, so glaube ich doch, daſs man der Newtonſchen, wo man ſtatt Zeit und Abſtand des Periheliums, die Länge des Knotens

noch beſſer entwickelt ist, ſo glaubte der Herausgeber durch ihre Mittheilung den deutſchen Leſern doch einen Gefallen zu erzeigen, vorzüglich da man hierdurch ſämmtliche Verbeſſerungsarten der erſten Elemente einer Cometenbahn beyſammen erhält. Dieſs wird uns zugleich Gelegenheit geben, auf den Gebrauch conſtanter Logarithmen aufmerkſam zu machen, die bey Wiederholung dieſer Methode bey mehrern Hypotheſen die Rechnung noch abkürzen. Es bedeuten auch hier, wie bey dem Herrn Verfaſſer, A Länge der Sonne; R Abſtand der Erde von der Sonne; α beobachtete Länge des Cometen; β beobachtete Breite des Cometen; C heliocentriſ. Länge und λ heliocentriſ. Breite deſſelben; ſo wird man 1) die wahren Anomalien φ', φ'', φ''' durch die bekannte Diſtanz des Periheliums, und die Zeit des Durchgangs durchs Perihelium aus der hier mit abgedruckten Barkeriſchen Tafel finden; ſo wie auch r', r'', r'''. 2) Berechne man 3 Conſtanten nach folgenden Formeln:

wenn man $\cos \tau = \cos \beta \cos (A - \alpha)$ macht; ſo iſt

Ite Conſtante $= \log R + \log \sin \tau$
IIte . . $= \log \sin \beta - \log \sin \tau$
IIIte . . $= \log R + \log \sin (A - \alpha)$

Man ſieht, daſs dieſe Conſtanten von der Diſtanz des Periheliums und dem Durchgang durchs Perihelium nicht abhängen, alſo bey allen Veränderungen dieſer beyden Stücke immer die nämliche Gröſse behalten. 3) Dann iſt

$\log \sin K =$ Ite Conſtante $- \log r$.
Winkel $\Sigma = K + \tau$ (eigentlich $180° - K - \tau$)
$\log \sin \lambda = \log \sin \Sigma +$ IIte Conſtante
$\log \sin$ des Winkels am Cometen $=$ IIIte Conſt. $- \log (r. \cos \lambda)$
hieraus $C = \alpha \pm$ dieſen Winkel am Cometen

4) Der

Knotens und die Neigung der Bahn in den drey Hypothesen zum Grunde legt, eben die Kürze und Geschmeidigkeit geben kann, und daſs sie sodann wesentliche Vorzüge vor der de la Placischen hat. Ich nenne sie die Newtonsche: denn es ist nur ein Gedächtnissfehler des groſsen **Eulers**, der doch zuverläſsig **Newtons** Schriften gelesen hatte, und sich gewiſs nicht mit fremden Federn zu schmücken brauchte, wenn er sich die Erfindung derselben zuschreibt.*) **Newton** hat sie zuerst

4) Der Winkel zwischen

1ten und 2ten Radius Vector sey χ'
1 . . 3 . . . . χ''
2 . . 3 . . . . χ'''

so hat man

$$\cos \chi' = \cos(C'' - C') \cos \lambda' \cos \lambda'' + \sin \lambda' \sin \lambda''$$
$$\cos \chi'' = \cos(C''' - C') \cos \lambda' \cos \lambda''' + \sin \lambda' \sin \lambda'''$$
$$\cos \chi''' = \cos(C''' - C'') \cos \lambda'' \cos \lambda''' + \sin \lambda'' \sin \lambda'''$$

wobey zu merken, daſs man die Sinus und Cosinus von λ schon in den vorigen Formeln gebraucht, und daſs man nur zwey von diesen drey Formeln berechnet. 5) Es sey nun

$$\chi' - (\Phi'' - \Phi') = q$$
$$\chi'' - (\Phi''' - \Phi') = n$$

So muſs, wenn die Annahmen für die Distanz des Periheliums und den Durchgang durchs Perihelium richtig sind, q und n gleich Null seyn. Da dieſs selten der Fall ist, so ändert man erstlich blos die Zeit des Durchgangs durchs Perihelium: und wiederholt die vorige Rechnung dann noch einmal mit veränderter Distanz des Periheliums. Aus den Vergleichungen der drey so gefundenen Werthe von q und n, läſst sich durch Interpoliren eine Hypothese finden, wo beyde Werthe $= 0$ sind; welche dann durch eine ähnliche Rechnung zu prüfen ist. *Anmerk. d. Herausgeb.*

*) *Cum igitur hoc desideratum aliquamdiu animo volvissem, sequentem methodum sum assecutus etc. Theoria mot. plan. et com. p. 140.*

erst angegeben, und Gregory ausführlich erläutert. *) Viele neuere Schriftsteller nennen indefs nur Eulern, ohne Newtons zu erwähnen.

§. 69.

Gewöhnlich hat man diese Methode nur dann brauchen zu müssen geglaubt, wenn man die elliptischen Elemente einer Cometenbahn finden wollte, eine Arbeit, die selten etwas zuverläsiges giebt, ob gleich, wenn man einmal diese undankbare Arbeit unternehmen will, gerade diese Methode am allerbequemsten dabey angewandt werden kann. Allein auf eine viel kürzere Art dient sie zur Verbesserung der parabolischen Elemente. So hat sie auch Struyk, nur, weil ihm das schöne Lambertsche Theorem noch nicht bekannt war, mit unnöthiger Weitläuftigkeit, und vielen überflüsigen Rechnungen gebraucht. **) Kürzer habe ich mich ihrer schon vor 17 Jahren bedient, um die Elemente des Cometen von 1779, aus Beobachtungen, die ich fast ohne alle Instrumente angestellt hatte, zu berechnen. ***)

§. 70.

Bey dieser Methode kömmt nun die Aufgabe vor: aus der gegebenen Lage der Cometenbahn gegen die Ecliptik, und der geocentrischen Länge und Breite des Cometen, die heliocentrische Entfernung des Cometen vom

---

*) *Newton Princip. l. III. p. 42.*

**) *N. Struyk Vervolg van de Beschryving der Staartsterren Amst. 1753 p. 1. sqq.*

***) *Astronomisches Jahrbuch, 1782. p. 130 131.*

vom Knoten, und den Abſtand des Cometen von der Sonne zu finden. Newton ſetzt die Auflöſung als bekannt voraus: Gregory, Euler und Struyk haben ſie vorgetragen. Herr Lexell hat in einer eigenen Abhandlung, und endlich Herr Profeſſor Nordmark in einem Programm den dazu dienenden Formeln die möglichſte Kürze und Geſchmeidigkeit zu geben geſucht. Und doch ſcheint es mir, daſs man dieſe Aufgabe zum Gebrauch noch bequemer auflöſen könne, als bisher geſchehen iſt. Immer hat hat man ſich nemlich nur der ebenen Trigonometrie dabey bedient: und die Aufgabe gehört offenbar für die ſphäriſche, da es hier auf die Lage zweyer Ebenen gegeneinander ankömmt, die erſte Ebene wird durch den Mittelpunct der Sonne, der Erde, und des Cometen beſtimmt: die andere iſt die durch den Knoten und die Neigung gegebene Ebene der Cometenbahn.

§. 71.

Fig. 3.

Es' ſey demnach EA☋TL die Ecliptik, ☋ der Ort des Knotens, in unſerer Figur des niederſteigenden. J☋N die aus der Sonne geſehene ſcheinbare Cometenbahn, T der Ort der Erde, C der beobachtete geocentriſche Ort des Cometen. Man ziehe durch T und C einen gröſsten Kreis TKCG, ſo iſt K der heliocentriſche Ort des Cometen, ☋K die heliocentriſche Entfernung des Cometen vom ☋, T.K die heliocentriſche Entfernung des Cometen von der Erde, KC der Winkel am Cometen, und endlich das Suppplement von TC die geocentriſche Entfernung des Cometen von der Sonne. Man ſieht leicht, daſs man alle dieſe Stücke durch die Auflöſung zweyer ſphäriſcher Dreyecke findet.

1) Im

1) Im rechtwinklichten Triangel ACT ift gegeben TA = dem Unterfchiede der geocentrifchen Länge des Cometen, und der Länge der Erde, und AC die beobachtete Breite des Cometen. Man fuche

I. cof TC = cof TA cof AC

und

II. cot ATC = cot AC fin TA

2) In dem fchiefwinklichten Triangel ☊KT ift gegeben ☊T = dem Unterfchiede der Länge des Knotens und der Erde, der Winkel T☊K = der Inclination der Cometenbahn, und der eben gefundene Winkel ☊TK = ATC. Man fuche ☊K und TK durch die Formeln

III. $\tang \frac{1}{2}(☊K + TK) = \frac{\cof \frac{1}{2}(☊TK - T☊K)}{\cof \frac{1}{2}(☊TK + T☊K)} \tang \frac{1}{2}☊T.$

IV. $\tang \frac{1}{2}(☊K - TK) = \frac{\fin \frac{1}{2}(☊TK - T☊K)}{\fin \frac{1}{2}(☊TK + T☊K)} \tang \frac{1}{2}☊T.$

Damit ift dann auch KC = TC — TK beftimmt, und fo ift, wenn wir wie fonft, R die Diftanz der Erde, r die Diftanz des Cometen von der Sonne nennen.

V. $r = \frac{R \cdot \fin TC}{\fin KC}.$

§. 72.

Vergleicht man diefe Formeln mit denen, die man bisher gegeben hat, fo wird ihre vorzügliche Bequemlichkeit, befonders bey der Anwendung auf die Verbefferung einer Cometenbahn einleuchtend feyn. Euler z. E. braucht in den *Recherches fur la vraie orbite elliptique de la Cométe* 1769, acht Formeln, da wir hier mit fünf ausreichen. Alle acht mufs Euler für jede der drey Hypothefen, die er in Anfehung der Länge des Knotens und der Neigung der Bahn angenommen hatte, berechnen: hier bleibt die erfte, zweyte, und der Zähler der fünften bey allen drey Hypothefen diefelben: und noch über dem ift der Coefficient von tang $\frac{1}{2}$ ☊T für zwey Hypothefen gleich. Kurz Euler muſs für jede Beobachtung 75, wir brauchen nur 43 Logarithmen hinzufchreiben. Lexell und Nordmark reichen etwa mit 57 oder 60 aus.

§. 73.

Dadurch daſs hier die Aufgabe auf die Auflöfung zweyer fphärifchen Dreyecke gebracht ift, wird es nun auch leicht, ftatt der drey Hypothefen Differential-Formeln zu gebrauchen, oder allgemein zu berechnen, was kleine Aenderungen in der Länge des Knotens, und der Neigung der Bahn in ☊K und r für Veränderungen hervorbringen. Allein Verfuche haben mich überzeugt, daſs der Nutzen für die Rechnung nicht erheblich ift. Man berechnet eben fo leicht ☊K und r nach unfern Formeln für drey Hypothefen, als jene Differential-Formeln. Ich fetze fie deswegen auch um fo weniger hieher, da fie fich faft ohne Mühe finden laſſen.

§. 74.

Hat man alfo drey Hypothefen für die Länge des Knotens und die Neigung der Bahn angenommen, fo berechnet man für jede derfelben, und für die 3 Beobachtungen ☊K = ξ, und r. Sind diefe gefunden, fo muſs man die Chorde zwifchen der erften und zweyten, und der erften und dritten Beobachtung fuchen.

Es

Es ist aber:
$$k' = \sqrt{(r''-r')^2 + 4\,r'\,r'' \sin \tfrac{1}{2}(\xi''-\xi')^2}$$
$$k'' = \sqrt{(r'''-r')^2 + 4\,r'\,r''' \sin \tfrac{1}{2}(\xi'''-\xi')^2}$$

Aus k', k'', und r', r'', r''', findet sich unmittelbar die Zeit, die nach den drey Hypothesen zwischen der ersten und zweyten, und zwischen der ersten und dritten Beobachtung hätte verstreichen sollen. Blos aus der Vergleichung dieser Zeiten mit den beobachteten ergieht sich die wahre Länge des Knotens, und die wahre Neigung der Bahn: und sodann durch leichte Interpolation der wahre Werth von r', r''', ξ', ξ''', wodurch die übrigen Bestimmungsstücke der Bahn mit leichter Mühe gefunden werden.

§. 75.

Um das ganze Verfahren also vor Augen zu legen, mögen die drey Hypothesen so vorgestellt werden:

	1te Hyp.	2te Hyp.	3te Hyp.
Länge des ☊	☊	☊ $+ p$	☊
Neigung der Bahn	i	i	$i + q$

wobey p und q von 10, 15, 20 oder gar mehrern Minuten genommen werden dürfen. Für jede dieser Hypothesen, und für drey Beobachtungen berechnet man nach §. 71.

$$\xi' \quad \xi'' \quad \xi'''$$
$$r' \quad r'' \quad r'''$$

und hierauf nach §. 74.

$$k' \quad k''$$

Damit findet man die Zeit, die nach den drey Hypothesen zwischen der ersten und zweyten, und zwischen der erſten und dritten Beobachtung hätte verſtreichen follen.

1te Hyp.	2te Hyp.	3te Hyp.
τ'	$\tau' + l$	$\tau' + m$
τ''	$\tau'' + o$	$\tau'' + s$

Die beobachteten Zwiſchenzeiten ſind aber t' und t''. Iſt nun die wahre Länge des Knotens $= \Omega + x$, die wahre Neigung der Bahn $= i + y$ ſo hat man die Gleichungen

$$\frac{xl}{p} + \frac{ym}{q} = t' - \tau'$$

$$\frac{xo}{p} + \frac{ys}{q} = t'' - \tau''$$

und hieraus

$$x = \frac{(t' - \tau')\,sp - (t'' - \tau'')\,mp}{mo - sl}$$

$$y = \frac{(t'' - \tau')\,oq - (t'' - \tau'')\,lq}{mo - sl}$$

alſo die wahre Länge des Knotens, und die wahre Neigung der Bahn.*) Die wahren Werthe von τ', τ''', ξ', ξ''', wer-

---

*) Dieſs ſind die Interpolations-Formeln, die auch bey der Methode des Hrn. de la Place (pag. 79 u. 80 in der Note) zu gebrauchen ſind. Man bezeichne die Werthe der dortigen q und n für die drey Hypotheſen mit q', q'', q'''; n', n'', n''' ſo hat man

$$y(q' - q'') + x(q' - q''') = q'\ \text{und}$$
$$y(n' - n'') + x(n' - n''') = n'$$

wo Auflöſung und Gebrauch dieſer Gleichungen mit denen des §. 75 ganz analog, und y der Factor iſt, womit die Aenderung des Abſtands der Sonnennähe; x hingegen der Factor, womit die Aenderung der Zeit des Durchgangs durch die Sonnennähe multiplicirt wird; um die wahren Aende-

werden sodann durch Interpolation gesucht, indem für jede beliebige Größe, die zum Beyspiel in den drey Hypothesen gefunden worden ist

B   B + f B + g der

Aenderungen dieser beyden Stücke zu erhalten. Bisweilen wird es aber nöthig, die zweyten Differenzen mitzunehmen, und der Herausgeber hat sich der vom Hrn. de la Place hierzu gegebenen Formeln mit Vortheil bey mehrern Cometen bedient. Er theilt sie daher in Beziehung auf Hrn. de la Place Methode mit; ihre Anwendung auf jede andere, kann jedoch keine Schwierigkeit machen. Man berechne nämlich die q und n (p. 80 Note) in folgenden 5 Hypothesen. 1) Mit den durch die erste Annäherung gefundenen Elementen. 2) Mit einer geringen Aenderung des Abstandes der Sonnennähe. 3) Mit der doppelten vorigen Aenderung. 4) Mit Beybehaltung der Distanz der Sonnennähe in der 1sten Hypothese, ändere man die Zeit des Durchgangs durchs Perihelium um etwas geringes. 5) Mit der doppelten vorher in der 4ten Hypothese gemachten Aenderung. Es sollen nun q', q'', q''', q'''', q''''' und n', n'', n''', n'''', n''''', die nach den Formeln (l. c.) in diesen fünf Hypothesen gefundenen Werthe von q und n; x und y die Factoren bedeuten, womit man die angenommenen Aenderungen der vierten und zweyten Hypothese multipliciren muß, um die wahren Aenderungen zu erhalten, so finden sich x und y aus folgenden Gleichungen:

$$0 = (4q'' - 3q' - q''')y + (q''' - 2q'' + q')y^2 + (4q'''' - 3q' - q''''')x + (q''''' - 2q'''' + q')x^2 + 2q'$$

$$0 = (4n'' - 3n' - n''')y + (n''' - 2n'' + n')y^2 + (4n'''' - 3n' - n''''')x + (n''''' - 2n'''' + n')x^2 + 2n'$$

Wir bemerken noch, daß man zwar diese Gleichungen directe durch eliminiren auflösen kann, aber durch eine beschwerliche Rechnung dennoch auf eine Gleichung des 4ten Grades geführt wird; daß es daher stets bequemer ist, erst

der wahre Werth

$$B + \frac{fx}{p} + \frac{gy}{q}$$

feyn wird. Es ist klar, dafs man, alle mögliche Genauigkeit zu erhalten, die Arbeit durch drey neue, minder von einander abweichende Hypothefen über die Länge des ☊, und die Neigung der Bahn erneuern müffe, wenn man x und y merklich gröfser als p und q finden follte, oder für p und q zu grofse Werthe z. B. von 50, 60, oder gar mehrern Minuten angenommen hätte. Denn eigentlich ist diefe Methode nur in fo weit genau, als man die Veränderungen aller übrigen Gröfsen den Veränderungen der Länge des Knotens, und der Neigung der Bahn proportional fetzen kann, welches allerdings nur für kleine Werthe von p und q zuläfsig ist. Diefe Einfchränkung trift indeffen die de la Placifche und die folgende Methode gleichfalls.

§. 76.

Auffer diefen beyden Verbefferungs Methoden werde ich nun noch eine augeben, die mir wirklich, wo es blos um die parabolifchen Elemente zu thun ist, am bequemften fcheint. Und wenn fie auch in Anfehung der Bequemlichkeit nicht den Vorzug hätte, den fie wirklich hat, fo ist es doch immer gut, mehrere Methoden zur Auswahl zu haben, da fich die beyden angeführten nicht immer

erft genäherte Werthe von x und y mit Hinweglaffung der quadratifchen Glieder x^2 und y^2 zu fuchen, und dann mit diefen die Quadrate von x und y in obigen Gleichungen zu berechnen und dadurch wegzufchaffen. Aus den Gleichungen des erften Grades, die man fo erhält, läfst fich dann x und y leicht und fchärfer finden.

Anmerkung des Herausgebers.

immer brauchen laſſen. Herrn de la Place Methode
iſt miſslich, wenn der Winkel am Cometen in einer der
drey zum Grunde gelegten Beobachtungen ſehr nahe ein
rechter iſt: und Newtons Berechnungsart iſt dann
nicht zu gebrauchen, wenn entweder die Neigung der
Cometenbahn ſehr klein, oder die Erde in einer der
Beobachtungen der Knotenlinie ſehr nahe iſt. Statt der
Hypotheſen über den Abſtand und die Zeit der Sonnennähe, oder über die Lage der Bahn gegen die Ecliptik
mache man drey Vorausſetzungen über die curtirten Diſtanzen des Cometen von der Sonne in zwey ſo weit von
einander entfernten Beobachtungen, als man nur hat.
Man berechne dieſe curtirten Diſtanzen nemlich aus der
ſchon beyläufig bekannten Bahn,*) daſie Δ', Δ''', heiſ-
ſen mögen, und nehme ſodann an:

	1te Hypoth.	2te Hyp.	3te Hyp.
1te Beob.	Δ'	$\Delta' + m$	Δ'
3te Beob.	Δ'''	Δ'''	$\Delta''' + n$

Man berechne für Δ', und $\Delta' + m$ und der geocentriſchen Beobachtung die heliocentriſche Länge und Breite
des Cometen in der erſten Beobachtung: und für Δ'''
und $\Delta''' + n$ die heliocentriſche Länge und Breite in
der dritten Beobachtung. Dieſe Rechnungen ſind ſehr
leicht. Denn es iſt der Winkel an dem auf der Ebene

---

*) Statt der curtirten Diſtanzen Δ', Δ''', kann man auch mit
geringer Veränderung der Rechnung die wahren Diſtanzen
r', r''' bey den drey Hypotheſen zum Grunde legen, wenn
man etwa die curtirten Diſtanzen aus der ſchon beyläufig
bekannten Bahn nicht ſo leicht berechnen könnte, welches
beſonders der Fall ſeyn wird, wenn man ſich noch nicht
die Mühe gegeben hat, die Länge des ☊ und die Neigung
der Bahn zu ſuchen, ſondern blos Zeit und Abſtand der
Sonnennähe beſtimmt hat.

der Ecliptik projicirten Ort des Cometen, den ich c nennen will, durch die Gleichung

$$\sin c = \frac{R \sin (A - \alpha)}{\Delta}$$

gegeben, *) und damit findet sich ϵ, oder die Elongation des Cometen von der Erde

$$\epsilon = 180° - c - (A - \alpha)$$

Die heliocentrische Breite aber

$$\tan \lambda = \frac{\tan \beta \sin (A - \alpha)}{\sin \epsilon}$$

Dann sucht man sogleich nach den Formeln des §. 42 für jede der drey Hypothesen die Länge des aufsteigenden Knotens, und die Neigung der Bahn, und da

$$r' = \frac{\Delta'}{\cos \lambda'}$$
$$r''' = \frac{\Delta'''}{\cos \lambda'''}$$

ist, auch die wahren Anomalien in beyden Beobachtungen, den Abstand des Periheliums, und die Zeit vom Perihelio bis zur ersten und dritten Beobachtung. Folglich hat man auch die Zeit, die zwischen diesen beyden Beobachtungen, den drey Hypothesen zu Folge hätte verfliessen sollen. Diese mit der wirklich beobachteten verglichen, giebt die erste Vergleichung. In den drey gefundenen Bahnen addirt man zu der Zeit vom Perihelio bis zur ersten Beobachtung, die beobachtete Zeit von der ersten bis zu einer zweyten von den übrigen beyden hinreichend entfernten Beobachtung, und berech-

---

*) Es ist bekannt, dass dem Sinus von c zwey Winkel, ein stumpfer und ein spitzer zugehören können. Bey der schon beyläufig bekannten Bahn, wird man nicht leicht zweifelhaft seyn können, welchen man wählen müsse.

rechnet sodann in jeder der drey Hypothesen die geocentrische Länge, oder wenn sich die Breiten stärker ändern, die geocentrische Breite in dieser zweyten Beobachtung. Diese berechnete Länge oder Breite mit der beobachteten verglichen, giebt die zweyte Gleichung

§. 77.

Diefs ganze Verfahren läfst sich demnach also vorstellen:

	1. Hyp.	2. Hyp.	3. Hyp.	Wahre Bahn
Curtirt. Abstand in der 1ten Beob.	Δ'	$\Delta' + m$	Δ'	$\Delta' + x$
in der 3ten Beob.	Δ'''	Δ'''	$\Delta''' + n$	$\Delta''' + y$
Zeit zwischen der 1ten u. 3ten Beob.	τ	$\tau + p$	$\tau + q$	t'' beob. Zeit
Länge in der 2ten Beobachtung	a	$a + r$	$a + s$	a'' beob. Länge

und sodann ist

$$\frac{px}{m} + \frac{qy}{n} = t'' - \tau$$

und

$$\frac{rx}{m} + \frac{sy}{n} = a'' - a$$

woraus sich auf eben die Art, wie §. 75. der Werth von x und y ergiebt. Ist nun m und n nicht zu grofs angenommen, und x und y kleiner, oder nicht merklich gröfser, als m und n, so lassen sich alle Elemente der Cometenbahn durch Interpolation leicht finden.

§. 78.

Drey vollständige Beobachtungen sind im Grunde zu viel, um die Bahn eines Cometen, wenn man sie als eine Parabel annimmt, zu bestimmen. Dies will sagen, wenn die Bahn des Cometen nicht wirklich parabolisch ist, oder

wenn

wenn Fehler in den Beobachtungen ftecken, fo kann man nur drey Längen und zwey Breiten, oder zwey Längen und drey Breiten durch eine Parabel angeben. Diefs ift auch der Grund, warum ich in der eben angegebenen Verbefferungsmethode von der mittlern Beobachtung nur die Länge oder auch nur die Breite gebraucht habe. Allein in Lamberts, de la Place's, und der hier auf die Parabel angewendeten Newtonfchen Methode zur Verbefferung einer Cometenbahn fcheint es, dafs man drey vollftändigen Beobachtungen unter der parabolifchen Hypothefe genug thue. Allein diefs fcheint auch nur fo. Ift nemlich die Bahn eines Cometen von einer Parabel merklich verfchieden, oder find die Beobachtungen fehlerhaft, fo bleibt nothwendig irgend eine in der Natur des Problems liegende Bedingung unerfüllt, indem man drey vollftändigen geocentrifchen Beobachtungen, und den parabolifchen Bewegungsgefetzen genug zu thun glaubt. So wird man nach Lambert §. 65. die drey geocentrifchen Diftanzen fo beftimmen, dafs der Comet nach den parabolifchen Bewegungsgefetzen zwifchen den drey dadurch angegebenen Puncten gerade die beobachteten Zwifchenzeiten braucht, aber diefe drey Puncte werden nicht in einer durch den Mittelpunct der Sonne gehenden Ebene liegen. Herr de la Place wird nach §. 67. die Zeit und den Abftand des Periheliums fo beftimmen, dafs die auf beyde Arten berechneten Unterfchiede der wahren Anomalien mit einander übereinftimmen, allein die aus diefer gefundenen Zeit und Abftand des Periheliums, und den drey geocentrifchen Beobachtungen berechneten heliocentrifchen Oerter des Cometen werden nicht in einen gröfsten Kreis der Sphäre fallen. Endlich wird man nach der auf die Parabel

rabel angewandten Newtonschen Methode eine Länge des Knotens, und eine Neigung der Bahn finden, wodurch die aus den drey geocentrischen Beobachtungen berechneten r', r'', r''', und k' k'', genau nach den Bewegungsgesetzen der Parabel die beobachteten Zwischenzeiten geben, allein die dadurch angegebenen Oerter werden nicht in einer und derselben Parabel liegen. In allen drey Fällen wird man also nicht eine, sondern eigentlich drey Parabeln finden, die mehr oder weniger von einander unterschieden sind, je nachdem die Beobachtungen genauer sind, oder die wirkliche Bahn des Cometen mehr oder weniger von einer Parabel abweicht. Man nimmt und berechnet indessen nur diejenige dieser Parabeln als die wirkliche Bahn, die durch die beyden äusersten Puncte geht, oder die der ersten und dritten Beobachtung Genüge thut. Für diese drey Parabeln ist nun bey Herrn de la Place, Zeit und Abstand des Periheliums, bey Newtons Methode Länge des Knotens und Neigung der Bahn einerley: die übrigen drey Elemente, so wie bey Lambert alle fünf, fallen in allen drey Parabeln verschieden aus.

§. 79.

Die Bedingung, dass alle Puncte der Cometenbahn in einer durch den Mittelpunct der Sonne gehenden Ebene liegen müssen, ist an sich die wesentlichste der Cometentheorie. Schon dies giebt der hier auf die Parabel angewandten Newtonschen Verbesserungs-Methode der Cometenbahnen den Vorzug vor den übrigen, indem sie dieser Hauptbedingung genug thut. Allein auch darinn hat sie vor denselben einen grossen Vorzug, dass man sie unmittelbar brauchen kann, die elliptischen Bestimmungsstücke

ſtücke der Cometenbahn zu finden, wenn es ſich ergeben
ſollte, daſs man bey dem Cometen, den man berechnet,
mit einer Parabel nicht ausreiche.

§. 80.

Um zu wiſſen, ob dieſs der Fall iſt, ſo berechne
man aus den für die beyden äuſerſten Beobachtungen gefundenen paraboliſchen Elementen wieder ξ'' und r''
die man auch aus der Rechnung §. 75. gefunden hat,
oder leicht finden kann. Weichen die auf beyde Arten
gefundenen Werthe merklich von einander ab, iſt p und
q nicht zu groſs angenommen, darf man ſich auf die
Genauigkeit der Beobachtungen verlaſſen, und ſind dieſe
weit genug von einander entfernt, ſo kann man dann
verſuchen, ſtatt der Parabel die elliptiſche Bahn zu beſtimmen. Ich habe nicht gefunden, daſs ſich hiebey die
Euler ſchen Methoden merklich abkürzen lieſsen, die er
in den beyden oft angeführten Werken gegeben hat.
Statt der Chorden k', k'', muſs man ſobald man ξ', ξ'', ξ''',
r', r'', r''', gefunden hat, ſogleich den Parameter der
Ellipſe für jede der drey Hypotheſen durch die Formel

$$b = \frac{\sin(\xi'' - \xi') + \sin(\xi''' - \xi'') - \sin(\xi''' - \xi')}{\frac{\sin(\xi''' - \xi'')}{r'} + \frac{\sin(\xi'' - \xi')}{r'''} - \frac{\sin(\xi''' - \xi')}{r''}}$$

beſtimmen, welche Formel viel bequemer iſt, als diejenige, die Euler in der *theoria mot. plan. et com.* angiebt, aber im weſentlichen mit derjenigen übereinkömmt, die in den *Recherches ſur l'orbite de la Comête*
1769 enthalten iſt. Aus dem gefundenen Parameter wird
leicht die wahre Anomalie in der erſten Beobachtung,
der Abſtand des Periheliums, und ſodann die Zeiten vom

Perihelium, mithin auch die Zeiten zwifchen den Beobachtungen berechnet. Hierbey ziehe ich nun die Formeln in der *Theoria*, denen in den *Recherches* vor. Durch Vergleichung der berechneten Zwifchenzeiten mit den beobachteten, beſtimmt man auf eben die Art, wie bey der Parabel, die Verbeſſerung der Länge des Knotens, und der Inclination, und den wahren Werth der elliptifchen Elemente durch Interpolation.

§. 81.

Selten oder nie wird man in den Fall kommen, die elliptifche Bahn eines Cometen um irgend eines erheblichen Nutzens oder Vortheils willen berechnen zu müſſen. Das Stück der Cometenbahn, das der Sonne am nächften liegt, läſs fich faft immer durch die parabolifche Hypothefe fo genau beſtimmen, dafs man den Cometen künftig wieder erkennen, und feinen gegenwärtigen Lauf, Abftand von Erde und Sonne u. f. w. fcharf genug darftellen, vorausfagen, und beurtheilen kann. Und diefe ift, dünkt mich, der ganze Zweck einer Cometenberechnung, da die Beftimmung der elliptifchen Bahn doch nie die Umlaufszeit mit einiger Sicherheit kennen lehrt, *) indem die Abweichungen der parabolifchen

Hypo-

---

*) Der Comet von 1770 fcheint eine grofse und berühmte Ausnahme zu machen. Ohne darüber entfcheiden zu wollen, darf man doch bemerken 1) dafs die Beobachtungen vor dem Perihelium deswegen fehlerhafter feyn können, weil der fchweiflofe Comet einen fehr grofsen fcheinbaren Durchmeſſer hatte, und es wohl nicht leicht ift, immer genau den Schwerpunct diefer Dunftmaſſe als den eigentlichen Gegenftand der Beobachtung zu unterfcheiden. 2) Dafs die Newtonfche, oder Eulerfche Methode, wodurch Herr Lexell

Hypothefe von der wahren Bahn fich zu fehr mit den Fehlern der Beobachtungen vermengen. Diefe Fehler find gewifs in manchen Fällen weit gröfser, als man fich vorftellen follte, woran gröfstentheils Licht und Geftalt des Cometen, und Unvollkommenheiten unferer Fixfternverzeichniffe Schuld find.

§. 82.

Bey Berechnung der elliptifchen Elemente erfordert Auswahl und Behandlung der Beobachtungen die gröfste Schärfe und Sorgfalt. Es mufs auf Parallaxe, Aberration, und Nutation gehörige Rückficht genommen werden. Vielleicht wäre es gut, für eine der wahren elliptifchen Bahn fchon nahe kommende Parabel alle Beobachtungen mit der gröfsten Genauigkeit zu berechnen. Die Unterfchiede der Beobachtungen von der Rechnung müffen in fo fern fie blos der elliptifchen Figur der Bahn zugehören, eine einförmige und regelmäfsige Zu- und Abnahme zeigen. Sprünge und Unregelmäfsigkeiten zeigen Fehler der Beobachtung oder Rechnung an: denn auch bey diefer dürfen hier einzelne Secunden nicht vernachläfsiget werden. So wird man ziemlich im Stande feyn, wenn man anders zahlreiche Beobachtungen vor fich hat, diefe von ihren Fehlern zu befreyen; und dann läfst fich etwas über die Ellipfe verfuchen, befonders wenn der Comet in beyden Aeften feiner Bahn, vor und nach der Sonnennähe gefehen worden ift.

Lexell die Ellipfe, und die Umlaufszeit diefes Cometen beftimmte, gerade in diefen Fall etwas mifslich anzuwenden war, da die Bahn eine fo geringe Neigung gegen die Eoliptik hat. Ich laugne indeffen nicht dafs diefer paradoxe Comet eine von der Parabel fehr abweichende Ellipfe befchrieben hat; da fo grobe Beobachtungen, wie die Lambertfchen (Beyträge 5ter Theil. p. 318) fchon die Unzulänglichkeit der parabolifchen Hypothefe zeigten, und felbft die nach dem Perihelium angeftellten Beobachtungen fich nicht in einer Parabel darftellen liefsen. Sonderbar ift der Irrthum eines grofsen Geometers und Analyften, des Herrn du Sejour, der durch mehrere berechnete Parabeln drey vollftändigen Beobachtungen diefes Cometen völlig genug gethan zu haben glaubte. S. *Du Séjour traité analytique des mouvemens apparens des corps céleftes.* Tom. II. Chap. 15. p. 613. fq.

I. Tafel. Um Stunden, Minuten, Secunden in Decimaltheile des Tages zu verwandeln.

Stunden	Decimaltheile	Minuten	Decimaltheile	Minuten	Decimaltheile
1	0,04166	13	0,009027	49	0,034027
2	0,08333	14	0,009722	50	0,034722
3	0,12500	15	0,010416	51	0,035416
4	0,16666	16	0,011111	52	0,036111
5	0,20833	17	0,011805	53	0,036805
6	0,25000	18	0,012500	54	0,037500
7	0,29166	19	0,013194	55	0,038194
8	0,33333	20	0,013888	56	0,038888
9	0,37500	21	0,014583	57	0,039583
10	0,41666	22	0,015277	58	0,040277
11	0,45833	23	0,015972	59	0,040972
12	0,50000	24	0,016666	60	0,041666
13	0,54166	25	0,017361	Sec.	Decimaltheile
14	0,58333	26	0,018055	1	0,0000115740
15	0,62500	27	0,018750	2	0,0000231481
16	0,66666	28	0,019444	3	0,0000347222
17	0,70833	29	0,020138	4	0,0000462962
18	0,75000	30	0,020833	5	0,0000578703
19	0,79166	31	0,021577	6	0,0000694444
20	0,83333	32	0,022222	7	0,0000810185
21	0,87500	33	0,022916	8	0,0000925925
22	0,91666	34	0,023611	9	0,0001041666
23	0,95833	35	0,024305	10	0,0001157407
24	1,00000	36	0,025000	11	0,0001273148
Minut	Decimalthie	37	0,025694	12	0,0001388888
1	0,000694	38	0,026388	13	0,0001504629
2	0,001388	39	0,027083	14	0,0001620370
3	0,002083	40	0,027777	15	0,0001736111
4	0,002777	41	0,028472	16	0,0001851851
5	0,003472	42	0,029166	17	0,0001967592
6	0,004166	43	0,029861	18	0,0002083333
7	0,004861	44	0,030555	19	0,0002199074
8	0,005555	45	0,031250	20	0,0002314814
9	0,006250	46	0,031944	21	0,0002430555
10	0,006944	47	0,032638	22	0,0002546296
11	0,007638	48	0,033333	23	0,0002662037
12	0,008333			24	0,0002777777

Tafel I. Um Stunden, Minuten, Secunden in Decimaltheile des Tages zu verwandeln.

Sec.	Decimaltheile	Sec.	Decimaltheile
25	0,0002893518	43	0,0004976851
26	0,0003009259	44	0,0005092592
27	0,0003125000	45	0,0005208333
28	0,0003240740	46	0,0005324074
29	0,0003356481	47	0,0005439814
30	0,0003472222	48	0,0005555555
31	0,0003587962	49	0,0005671296
32	0,0003703703	50	0,0005787037
33	0,0003819444	51	0,0005902777
34	0,0003935185	52	0,0006018518
35	0,0004050925	53	0,0006134259
36	0,0004166666	54	0,0006250000
37	0,0004282407	55	0,0006365740
38	0,0004398148	56	0,0006481481
39	0,0004513888	57	0,0006597222
40	0,0004629629	58	0,0006712962
41	0,0004745370	59	0,0006828703
42	0,0004861111	60	0,0006944444

Anmerkung.

Um die Decimaltheile in dieser Tafel genauer zu haben, darf man nur die lezte Ziffer bey den Stunden und Minuten, die drey lezten aber bey den Secunden, so oft man will, wiederholen.

Tafel II. Um Decimaltheile des Tages in Stunden, Minuten, Secunden zu verwandeln.

Dec.	St. M.	Dec.	St. M. S.	Dec.	M. S.	Dec.	M. S.	Dec.	Sec.
,1	2. 24	,01	0. 14. 24	,001	1. 26,4	,0001	0. 8,64	,00001	0,864
,2	4. 48	,02	0. 28. 48	,002	2. 52,8	,0002	0. 17,28	,00002	1,728
,3	7. 12	,03	0. 43. 12	,003	4. 19,2	,0003	0. 25,92	,00003	2,592
,4	9. 36	,04	0. 57. 36	,004	5. 45,6	,0004	0. 34,56	,00004	3,456
,5	12. 0	,05	1. 12. 0	,005	7. 12,0	,0005	0. 43,20	,00005	4,320
,6	14. 24	,06	1. 26. 24	,006	8. 38,4	,0006	0. 51,84	,00006	5,184
,7	16. 48	,07	1. 40. 48	,007	10. 4,8	,0007	1. 0,48	,00007	6,048
,8	19. 12	,08	1. 55. 12	,008	11. 31,2	,0008	1. 9,12	,00008	6,912
,9	21. 36	,09	2. 9. 36	,009	12. 57,6	,0009	1. 17,76	,00009	7,776

Tafel III. Anzahl der Tage vom Anfang des Jahrs bis zum Anfang jedes Monats.

	Jan.	Feb.	Mart	Apr.	Mai.	Jun.	Jul.	Aug.	Sept	Oct.	Nov.	Dec.
gemein J.	0	31	59	90	120	151	181	212	243	273	304	334
Schalt-J.	0	31	60	91	121	152	182	213	244	274	305	335

IV. Tafel. Barker's Cometentafel für die parabolische mittlere und wahre Bewegung.

Wahre Anomalie	mittlere Bewegung	Differ.	wahre Anomalie	mittlere Bewegung	Differ.
0° 5′	0.05455	5453	3° 5′	2.01901	5462
10	0.10908	5455	10	2.07363	5463
15	0.16363	5454	15	2.12826	5463
20	0.21817	5454	20	2.18289	5464
25	0.27271	5454	25	2.23753	5464
30	0.32725	5455	30	2.29217	5465
35	0.38180	5454	35	2.34682	5465
40	0.43634	5455	40	2.40147	5465
45	0.49089	5455	45	2.45612	5466
50	0.54544	5454	50	2.51078	5467
55	0.59998	5455	55	2.56545	5467
1 0	0.65453	5454	4 0	2.62012	5468
5	0.70907	5456	5	2.67480	5468
10	0.76363	5456	10	2.72948	5469
15	0.81819	5454	15	2.78417	5470
20	0.87273	5455	20	2.83887	5469
25	0.92728	5455	25	2.89356	5471
30	0.98183	5456	30	2.94827	5472
35	1.03639	5457	35	3.00299	5472
40	1.09096	5458	40	3.05771	5472
45	1.14554	5458	45	3.11243	5473
50	1.20012	5458	50	3.16716	5474
55	1.25470	5457	55	3.22190	5475
2 0	1.30927	5457	5 0	3.27665	5476
5	1.36384	5458	5	3.33141	5476
10	1.41842	5458	10	3.38617	5476
15	1.47300	5459	15	3.44093	5477
20	1.52759	5459	20	3.49570	5478
25	1.58218	5460	25	3.55048	5480
30	1.63678	5459	30	3.60528	5480
35	1.69137	5459	35	3.66008	5480
40	1.74596	5460	40	3.71488	5481
45	1.80056	5461	45	3.76969	5483
50	1.85517	5461	50	3.82452	5483
55	1.90978	5461	55	3.87935	5483
3 0	1.96439	5462	6 0	3.93418	5484

IV. Tafel. *Barker's* Cometentafel für die parabolische mittlere und wahre Bewegung.

Wahre Anomalie	mittlere Bewegung	Differ.	wahre Anomalie	mittlere Bewegung	Differ.
6° 5′	3.98902	5485	9° 5′	5.97004	5524
10	4.04387	5487	10	6.02528	5525
15	4.09874	5488	15	6.08053	5526
20	4.15362	5488	20	6.13579	5527
25	4.20850	5488	25	6.19106	5529
30	4.26338	5490	30	6.24635	5531
35	4.31828	5491	35	6.30166	5532
40	4.37319	5492	40	6.35698	5534
45	4.42811	5492	45	6.41232	5535
50	4.48303	5494	50	6.46767	5536
55	4.53797	5495	55	6.52303	5537
7 0	4.59292	5496	10 0	6.57840	5538
5	4.64788	5496	5	6.63378	5540
10	4.70284	5497	10	6.68918	5541
15	4.75781	5499	15	6.74459	5543
20	4.81280	5499	20	6.80002	5545
25	4.86779	5501	25	6.85547	5546
30	4.92280	5502	30	6.91093	5547
35	4.97782	5503	35	6.96640	5549
40	5.03285	5504	40	7.02189	5550
45	5.08789	5504	45	7.07739	5553
50	5.14293	5506	50	7.13292	5554
55	5.19799	5507	55	7.18846	5554
8 0	5.25306	5508	11 0	7.24400	5556
5	5.30814	5509	5	7.29956	5558
10	5.36323	5511	10	7.35514	5560
15	5.41834	5512	15	7.41074	5561
20	5.47356	5512	20	7.46635	5563
25	5.52868	5513	25	7.52198	5565
30	5.58381	5513	30	7.57763	5566
35	5.63894	5514	35	7.63329	5568
40	5.69408	5516	40	7.68897	5569
45	5.74924	5517	45	7.74466	5571
50	5.80441	5519	50	7.80037	5573
55	5.85960	5521	55	7.85610	5574
9 0	5.91481	5523	12 0	7.91184	5577

IV. Tafel. Barker's Cometentafel für die parabolische mittlere und wahre Bewegung.

Wahre Anomalie	mittlere Bewegung	Differ.	wahre Anomalie	mittlere Bewegung	Differ.
12° 5′	7.96761	5578	15° 5′	9.98744	5648
10	8.02339	5579	10	10.04392	5651
15	8.07918	5581	15	10.10043	5653
20	8.13499	5583	20	10.15696	5655
25	8.19082	5585	25	10.21351	5656
30	8.24667	5587	30	10.27007	5658
35	8.30254	5588	35	10.32665	5660
40	8.35842	5591	40	10.38325	5663
45	8.41433	5592	45	10.43988	5666
50	8.47025	5594	50	10.49654	5669
55	8.52619	5595	55	10.55323	5672
13 0	8.58214	5596	16 0	10.60995	5674
5	8.63810	5600	5	10.66669	5675
10	8.69410	5602	10	10.72344	5677
15	8.75012	5605	15	10.78021	5680
20	8.80617	5606	20	10.83701	5683
25	8.86223	5607	25	10.89384	5685
30	8.91830	5609	30	10.95069	5687
35	8.97439	5610	35	11.00756	5689
40	9.03049	5612	40	11.06445	5692
45	9.08661	5615	45	11.12137	5694
50	9.14276	5618	50	11.17831	5697
55	9.19893	5619	55	11.23528	5699
14 0	9.25512	5621	17 0	11.29227	5702
5	9.31133	5623	5	11.34929	5704
10	9.36756	5625	10	11.40633	5706
15	9.42381	5627	15	11.46339	5709
20	9.48008	5629	20	11.52048	5711
25	9.53637	5631	25	11.57759	5714
30	9.59268	5633	30	11.63473	5717
35	9.64901	5635	35	11.69190	5721
40	9.70536	5637	40	11.74911	5723
45	9.76173	5639	45	11.80634	5725
50	9.81812	5642	50	11.86359	5727
55	9.87454	5644	55	11.92086	5730
15 0	9.93098	5646	18 0	11.97816	5732

IV. Tafel. *Barker's* Cometentafel für die parabolische mittlere und wahre Bewegung.

Wahre Anomalie	mittlere Bewegung	Differ.	wahre Anomalie	mittlere Bewegung	Differ.
18° 5′	12.03548	5734	21° 5′	14.11796	5841
10	12.09282	5737	10	14.17637	5843
15	12.15019	5742	15	14.23480	5846
20	12.20761	5745	20	14.29326	5849
25	12.26506	5746	25	14.35175	5853
30	12.32252	5748	30	14.41028	5856
35	12.38000	5751	35	14.46884	5859
40	12.43751	5754	40	14.52743	5862
45	12.49505	5757	45	14.58605	5867
50	12.55262	5760	50	14.64472	5870
55	12.61022	5763	55	14.70342	5873
19 0	12.66785	5765	22 0	14.76215	5876
5	12.72550	5768	5	14.82091	5879
10	12.78318	5771	10	14.87970	5883
15	12.84089	5773	15	14.93853	5886
20	12.89862	5776	20	14.99739	5889
25	12.95638	5779	25	15.05628	5892
30	13.01417	5783	30	15.11520	5895
35	13.07200	5786	35	15.17415	5898
40	13.12986	5788	40	15.23313	5902
45	13.18774	5791	45	15.29215	5907
50	13.24565	5795	50	15.35122	5910
55	13.30360	5797	55	15.41032	5914
20 0	13.36157	5800	23 0	15.46946	5917
5	13.41957	5803	5	15.52863	5919
10	13.47760	5806	10	15.58782	5924
15	13.53566	5809	15	15.64706	5928
20	13.59375	5812	20	15.70634	5931
25	13.65187	5815	25	15.76565	5934
30	13.71002	5818	30	15.82499	5938
35	13.76820	5821	35	15.88437	5942
40	13.82641	5824	40	15.94379	5946
45	13.88465	5828	45	16.00325	5949
50	13.94293	5831	50	16.06274	5952
55	14.00124	5835	55	16.12226	5956
21 0	14.05959	5837	24 0	16.18182	5960

IV. Tafel. *Barker's* Cometentafel für die parabolische mittlere und wahre Bewegung.

Wahre Anomalie	mittlere Bewegung	Differ.	wahre Anomalie	mittlere Bewegung	Differ.
24° 5′	16. 24142	5964	27° 5′	18. 41288	6107
10	16. 30106	5967	10	18. 47395	6111
15	16. 36073	5971	15	18. 53506	6116
20	16. 42044	5975	20	18. 59622	6121
25	16. 48019	5978	25	18. 65743	6125
30	16. 53997	5982	30	18. 71868	6129
35	16. 59979	5986	35	18. 77997	6133
40	16. 65965	5990	40	18. 84130	6138
45	16. 71955	5994	45	18. 90268	6142
50	16. 77949	5998	50	18. 96410	6147
55	16. 83947	6002	55	19. 02557	6151
25 0	16. 89949	6005	28 0	19. 08708	6155
5	16. 95954	6009	5	19. 14863	6160
10	17. 01963	6013	10	19. 21023	6164
15	17. 07976	6017	15	19. 27187	6169
20	17. 13993	6021	20	19. 33356	6173
25	17. 20014	6025	25	19. 39529	6177
30	17. 26039	6029	30	19. 45706	6182
35	17. 32068	6033	35	19. 51888	6187
40	17. 38101	6037	40	19. 58075	6192
45	17. 44138	6041	45	19. 64267	6197
50	17. 50179	6046	50	19. 70464	6203
55	17. 56225	6049	55	19. 76667	6207
26 0	17. 62274	6053	29 0	19. 82874	6211
5	17. 68327	6057	5	19. 89085	6215
10	17. 74384	6061	10	19. 95300	6219
15	17. 80445	6066	15	20. 01519	6225
20	17. 86511	6070	20	20. 07744	6230
25	17. 92581	6074	25	20. 13974	6234
30	17. 98655	6078	30	20. 20208	6238
35	18. 04733	6082	35	20. 26446	6243
40	18. 10815	6086	40	20. 32689	6248
45	18. 16901	6090	45	20. 38937	6253
50	18. 22991	6095	50	20. 45190	6259
55	18. 29086	6099	55	20. 51449	6264
27 0	18. 35185	6103	30 0	20. 57713	6269

IV. Tafel. *Barker's* Cometentafel für die parabolische mittlere und wahre Bewegung.

Wahre Anomalie	mittlere Bewegung	Differ.	wahre Anomalie	mittlere Bewegung	Differ.
30° 5′	20.63982	6273	33° 5′	22.93033	6461
10	20.70255	6277	10	22.99494	6467
15	20.76532	6282	15	23.05961	6473
20	20.82814	6287	20	23.12434	6478
25	20.89101	6291	25	23.18912	6484
30	20.95392	6297	30	23.25396	6490
35	21.01689	6304	35	23.31886	6496
40	21.07993	6309	40	23.38382	6502
45	21.14302	6313	45	23.44884	6507
50	21.20615	6318	50	23.51391	6513
55	21.26933	6323	55	23.57904	6518
31 0	21.33256	6328	34 0	23.64422	6524
5	21.39584	6333	5	23.70946	6530
10	21.45917	6338	10	23.77476	6536
15	21.52255	6343	15	23.84012	6542
20	21.58598	6349	20	23.90554	6548
25	21.64947	6354	25	23.97102	6554
30	21.71301	6359	30	24.03656	6559
35	21.77660	6364	35	24.10215	6565
40	21.84024	6369	40	24.16780	6572
45	21.90393	6374	45	24.23352	6578
50	21.96767	6380	50	24.29930	6584
55	22.03147	6385	55	24.36514	6589
32 0	22.09532	6390	35 0	24.43103	6595
5	22.15922	6396	5	24.49698	6602
10	22.22318	6402	10	24.56300	6608
15	22.28720	6406	15	24.62908	6613
20	22.35126	6412	20	24.69521	6620
25	22.41538	6418	25	24.76141	6626
30	22.47956	6423	30	24.82767	6632
35	22.54379	6429	35	24.89399	6638
40	22.60808	6434	40	24.96037	6645
45	22.67242	6439	45	25.02682	6651
50	22.73681	6445	50	25.09333	6657
55	22.80126	6451	55	25.15990	6663
33 0	22.86577	6456	36 0	25.22653	6670

IV. Tafel. Barker's Cometentafel für die parabolische mittlere und wahre Bewegung.

Wahre Anomalie	mittlere Bewegung	Differ.	wahre Anomalie	mittlere Bewegung	Differ.
36° 5'	25.29323	6676	39° 5'	27.73817	6919
10	25.35999	6682	10	27.80736	6926
15	25.42681	6689	15	27.87662	6933
20	25.49370	6695	20	27.94595	6940
25	25.56065	6701	25	28.01535	6947
30	25.62766	6708	30	28.08482	6955
35	25.69474	6715	35	28.15437	6962
40	25.76189	6721	40	28.22399	6969
45	25.82910	6728	45	28.29368	6976
50	25.89638	6734	50	28.36344	6984
55	25.96372	6740	55	28.43328	6991
37 0	26.03112	6747	40 0	28.50319	6998
5	26.09859	6754	5	28.57317	7006
10	26.16613	6760	10	28.64323	7013
15	26.23373	6767	15	28.71336	7021
20	26.30140	6773	20	28.78357	7028
25	26.36913	6780	25	28.85385	7036
30	26.43693	6787	30	28.92421	7044
35	26.50480	6794	35	28.99465	7051
40	26.57274	6801	40	29.06516	7059
45	26.64075	6807	45	29.13575	7067
50	26.70882	6814	50	29.20642	7074
55	26.77696	6821	55	29.27716	7082
38 0	26.84517	6828	41 0	29.34798	7090
5	26.91345	6834	5	29.41888	7097
10	26.98179	6841	10	29.48985	7104
15	27.05020	6848	15	29.56089	7112
20	27.11868	6855	20	29.63201	7121
25	27.18723	6862	25	29.70322	7129
30	27.25585	6869	30	29.77451	7136
35	27.32454	6876	35	29.84587	7144
40	27.39330	6883	40	29.91731	7152
45	27.46213	6890	45	29.98883	7160
50	27.53103	6897	50	30.06043	7168
55	27.60000	6905	55	30.13211	7176
39 0	27.66905	6912	42 0	30.20387	7184

(A) 5

IV. Tafel. *Barker's* Cometentafel für die parabolische mittlere und wahre Bewegung.

Wahre Anomalie	mittlere Bewegung	Differ.	wahre Anomalie	Logarith. der *) mittl. Beweg.	Differ.
42° 5′	30. 27571	7192	45° 5′	1. 5174285	9885
10	30. 34763	7200	10	1. 5184170	9872
15	30. 41963	7208	15	1. 5194042	9861
20	30. 49171	7216	20	1. 5203903	9852
25	30. 56387	7225	25	1. 5213755	9842
30	30. 63612	7232	30	1. 5223597	9832
35	30. 70844	7241	35	1. 5233429	9822
40	30. 78085	7249	40	1. 5243251	9810
45	30. 85334	7258	45	1. 5253061	9800
50	30. 92592	7266	50	1. 5262861	9791
55	30. 99858	7274	55	1. 5272652	9782
43 0	31. 07132	7282	46 0	1. 5282434	9772
5	31. 14414	7291	5	1. 5292206	9762
10	31. 21705	7298	10	1. 5301968	9751
15	31. 29003	7308	15	1. 5311719	9741
20	31. 36311	7316	20	1. 5321460	9731
25	31. 43627	7324	25	1. 5331191	9723
30	31. 50951	7333	30	1. 5340914	9712
35	31. 58284	7342	35	1. 5350626	9703
40	31. 65626	7350	40	1. 5360329	9693
45	31. 72976	7358	45	1. 5370022	9684
50	31. 80334	7367	50	1. 5379706	9676
55	31. 87701	7376	55	1. 5389382	9667
44 0	31. 95077	7385	47 0	1. 5399049	9656
5	32. 02462	7393	5	1. 5408705	9646
10	32. 09855	7401	10	1. 5418351	9638
15	32. 17256	7411	15	1. 5427989	9629
20	32. 24667	7419	20	1. 5437618	9619
25	32. 32086	7428	25	1. 5447237	9610
30	32. 39514	7437	30	1. 5456847	9602
35	32. 46951	7446	35	1. 5466449	9594
40	32. 54397	7455	40	1. 5476043	9585
45	32. 61852	7464	45	1. 5485628	9575
50	32. 69316	7473	50	1. 5495203	9565
55	32. 76789	7482	55	1. 5504768	9556
45 0	32. 84271	7490	48 0	1. 5514324	9548

*) Von hier an enthält die 2te Columne den Logarithmen der mittl. Bewegung.

IV. Tafel. Barker's Cometentafel für die parabolische mittlere und wahre Bewegung.

Wahre Anomalie	Logarithmus der mittlern Beweg.	Differ.	wahre Anomalie	Logarithm. der mittl. Beweg.	Differ.
48° 5′	1.5523872	9541	51° 5′	1.5862302	9263
10	1.5533413	9533	10	1.5871565	9256
15	1.5542946	9525	15	1.5880821	9250
20	1.5552471	9516	20	1.5890071	9243
25	1.5561987	9507	25	1.5899314	9236
30	1.5571494	9498	30	1.5908550	9229
35	1.5580992	9489	35	1.5917779	9223
40	1.5590481	9482	40	1.5927002	9217
45	1.5599963	9474	45	1.5936219	9210
50	1.5609437	9466	50	1.5945429	9203
55	1.5618903	9458	55	1.5954632	9197
49 0	1.5628361	9449	52 0	1.5963829	9191
5	1.5637810	9441	5	1.5973020	9185
10	1.5647251	9433	10	1.5982205	9178
15	1.5656684	9425	15	1.5991383	9171
20	1.5666109	9418	20	1.6000554	9165
25	1.5675527	9410	25	1.6009719	9159
30	1.5684937	9402	30	1.6018878	9152
35	1.5694339	9394	35	1.6028030	9146
40	1.5703733	9387	40	1.6037176	9141
45	1.5713120	9379	45	1.6046317	9135
50	1.5722499	9371	50	1.6055452	9129
55	1.5731870	9363	55	1.6064581	9123
50 0	1.5741233	9356	53 0	1.6073704	9117
5	1.5750589	9348	5	1.6082821	9111
10	1.5759937	9341	10	1.6091932	9104
15	1.5769278	9335	15	1.6101036	9098
20	1.5778613	9328	20	1.6110134	9093
25	1.5787941	9320	25	1.6119227	9088
30	1.5797261	9313	30	1.6128315	9083
35	1.5806574	9306	35	1.6137398	9076
40	1.5815880	9299	40	1.6146474	9070
45	1.5825179	9292	45	1.6155544	9065
50	1.5834471	9284	50	1.6164609	9060
55	1.5843755	9277	55	1.6173669	9055
51 0	1.5853032	9270	54 0	1.6182724	9049

IV. Tafel. *Barker's* Cometentafel für die parabolische mittlere und wahre Bewegung.

Wahre Anomalie	Logarithmus der mittlern Beweg.	Differ.	Wahre Anomalie	Logarithm. der mittl. Beweg.	Differ.
54° 5′	1.6191773	9043	57° 5	1.6514213	8873
10	1.6200816	9038	10	1.6523086	8869
15	1.6209854	9032	15	1.6531955	8865
20	1.6218886	9027	20	1.6540820	8861
25	1.6227913	9022	25	1.6549681	8857
30	1.6236935	9017	30	1.6558538	8854
35	1.6245952	9011	35	1.6567392	8850
40	1.6254963	9007	40	1.6576242	8846
45	1.6263970	9002	45	1.6585088	8842
50	1.6272972	8997	50	1.6593930	8838
55	1.6281969	8991	55	1.6602768	8834
55 0	1.6290960	8986	58 0	1.6611602	8830
5	1.6299946	8981	5	1.6620432	8826
10	1.6308927	8977	10	1.6629258	8822
15	1.6317904	8972	15	1.6638080	8819
20	1.6326876	8967	20	1.6646899	8816
25	1.6335843	8962	25	1.6655715	8812
30	1.6344805	8957	30	1.6664527	8809
35	1.6353762	8952	35	1.6673336	8806
40	1.6362714	8948	40	1.6682142	8802
45	1.6371662	8943	45	1.6690944	8799
50	1.6380605	8938	50	1.6699743	8796
55	1.6389543	8933	55	1.6708539	8792
56 0	1.6398476	8929	59 0	1.6717331	8788
5	1.6407405	8925	5	1.6726119	8785
10	1.6416330	8920	10	1.6734904	8783
15	1.6425250	8916	15	1.6743687	8779
20	1.6434166	8912	20	1.6752466	8776
25	1.6443078	8907	25	1.6761242	8772
30	1.6451985	8902	30	1.6770014	8769
35	1.6460887	8898	35	1.6778783	8765
40	1.6469785	8894	40	1.6787548	8763
45	1.6478679	8890	45	1.6796311	8760
50	1.6487569	8886	50	1.6805071	8757
55	1.6496455	8881	55	1.6813828	8754
57 0	1.6505336	8877	60 0	1.6822582	8751

IV. Tafel. *Barker's* Cometentafel für die parabolische mittlere und wahre Bewegung.

Wahre Anomalie		Logarithmus der mittlern Beweg.	Differ.	wahre Anomalie		Logarithm. der mittl. Beweg.	Differ.
60°	5'	1.6831333	8748	63°	5'	1.7144672	8664
	10	1.6840081	8744		10	1.7153336	8662
	15	1.6848825	8742		15	1.7161998	8660
	20	1.6857567	8740		20	1.7170658	8658
	25	1.6866307	8737		25	1.7179316	8657
	30	1.6875044	8734		30	1.7187973	8656
	35	1.6883778	8731		35	1.7196629	8654
	40	1.6892509	8729		40	1.7205283	8652
	45	1.6901238	8726		45	1.7213935	8650
	50	1.6909964	8723		50	1.7222585	8648
	55	1.6918687	8721		55	1.7231233	8647
61	0	1.6927408	8718	64	0	1.7239880	8646
	5	1.6936126	8716		5	1.7248526	8645
	10	1.6944842	8713		10	1.7257171	8643
	15	1.6953555	8710		15	1.7265814	8641
	20	1.6962265	8708		20	1.7274455	8640
	25	1.6970973	8706		25	1.7283095	8639
	30	1.6979679	8704		30	1.7291734	8638
	35	1.6988383	8702		35	1.7300372	8636
	40	1.6997085	8699		40	1.7309008	8635
	45	1.7005784	8696		45	1.7317643	8633
	50	1.7014480	8694		50	1.7326276	8632
	55	1.7023174	8691		55	1.7334908	8630
62	0	1.7031865	8689	65	0	1.7343538	8630
	5	1.7040554	8688		5	1.7352168	8629
	10	1.7049242	8686		10	1.7360797	8628
	15	1.7057928	8684		15	1.7369425	8627
	20	1.7066612	8681		20	1.7378052	8626
	25	1.7075293	8679		25	1.7386678	8625
	30	1.7083972	8677		30	1.7395303	8624
	35	1.7092649	8676		35	1.7403927	8623
	40	1.7101325	8673		40	1.7412550	8622
	45	1.7109998	8671		45	1.7421172	8621
	50	1.7118669	8669		50	1.7429793	8620
	55	1.7127338	8668		55	1.7438413	8619
63	0	1.7136006	8666	66	0	1.7447032	8618

IV. Tafel. Barker's Cometentafel für die parabolische mittlere und wahre Bewegung.

Wahre Anomalie	Logarithmus der mittlern Beweg.	Differ.	wahre Anomalie	Logarithm. der mittl. Beweg.	Differ.
66° 5′	1.7455650	8617	69° 5′	1.7765591	8607
10	1.7464267	8617	10	1.7774198	8608
15	1.7472884	8616	15	1.7782806	8608
20	1.7481500	8616	20	1.7791414	8608
25	1.7490116	8615	25	1.7800022	8608
30	1.7498731	8614	30	1.7808630	8608
35	1.7507345	8613	35	1.7817238	8608
40	1.7515958	8613	40	1.7825846	8609
45	1.7524571	8612	45	1.7834455	8609
50	1.7533183	8612	50	1.7843064	8610
55	1.7541795	8611	55	1.7851674	8610
67 0	1.7550406	8611	70 0	1.7860284	8610
5	1.7559017	8610	5	1.7868894	8611
10	1.7567627	8609	10	1.7877505	8612
15	1.7576236	8609	15	1.7886117	8612
20	1.7584845	8609	20	1.7894729	8613
25	1.7593454	8608	25	1.7903342	8613
30	1.7602062	8608	30	1.7811955	8614
35	1.7610670	8608	35	1.7920569	8615
40	1.7619278	8608	40	1.7929184	8615
45	1.7627886	8607	45	1.7937799	8616
50	1.7636493	8607	50	1.7946415	8617
55	1.7645100	8607	55	1.7955032	8618
68 0	1.7653707	8607	71 0	1.7963650	8619
5	1.7662314	8607	5	1.7972269	8619
10	1.7670921	8606	10	1.7980888	8620
15	1.7679527	8606	15	1.7989508	8621
20	1.7688133	8606	20	1.7998129	8621
25	1.7696739	8606	25	1.8006750	8622
30	1.7705345	8606	30	1.8015372	8624
35	1.7713951	8606	35	1.8023996	8625
40	1.7722557	8606	40	1.8032621	8626
45	1.7731163	8607	45	1.8041247	8627
50	1.7739770	8607	50	1.8049874	8627
55	1.7748377	8607	55	1.8058501	8628
69 0	1.7756984	8607	72 0	1.8067129	8629

IV. Tafel. *Barker's* Cometentafel für die parabolische mittlere und wahre Bewegung.

Wahre Anomalie	Logarithmus der mittl. Bewegung	Differ.	wahre Anomalie	Logarithm. der mittl. Beweg.	Differ.
72° 5′	1.8075758	8631	75° 5′	1.8387373	8688
10	1.8084389	8632	10	1.8396061	8690
15	1.8093021	8633	15	1.8404751	8692
20	1.8101654	8634	20	1.8413443	8694
25	1.8110288	8636	25	1.8422137	8696
30	1.8118924	8637	30	1.8430833	8699
35	1.8127561	8638	35	1.8439532	8702
40	1.8136199	8639	40	1.8448234	8704
45	1.8144938	8641	45	1.8456938	8706
50	1.8153479	8642	50	1.8465644	8707
55	1.8162121	8644	55	1.8474351	8709
73 0	1.8170765	8645	76 0	1.8483060	8712
5	1.8179410	8646	5	1.8491772	8715
10	1.8188056	8648	10	1.8500487	8717
15	1.8196704	8649	15	1.8509204	8719
20	1.8205353	8651	20	1.8517923	8722
25	1.8214004	8652	25	1.8526645	8725
30	1.8222656	8654	30	1.8535370	8727
35	1.8231310	8655	35	1.8544097	8730
40	1.8239965	8657	40	1.8552827	8732
45	1.8248622	8658	45	1.8561559	8734
50	1.8257280	8660	50	1.8570293	8737
55	1.8265940	8662	55	1.8579030	8739
74 0	1.8274602	8664	77 0	1.8587769	8742
5	1.8283266	8665	5	1.8596511	8745
10	1.8291931	8667	10	1.8605256	8748
15	1.8300598	8669	15	1.8614004	8751
20	1.8309267	8671	20	1.8622755	8753
25	1.8317938	8673	25	1.8631508	8756
30	1.8326611	8675	30	1.8640264	8758
35	1.8335286	8676	35	1.8649022	8761
40	1.8343962	8678	40	1.8657783	8764
45	1.8352640	8680	45	1.8666547	8767
50	1.8361320	8682	50	1.8675314	8771
55	1.8370002	8685	55	1.8684085	8774
75 0	1.8378687	8686	78 0	1.8692859	8776

IV. Tafel. *Barker's* Cometentafel für die parabolische mittlere und wahre Bewegung.

Wahre Anomalie	Logarithmus der mittlern Beweg.	Differ.	wahre Anomalie	Logarithm. der mittl. Beweg.	Differ.
78° 5′	1.8701635	8778	81° 5′	1.9019742	8903
10	1.8710413	8781	10	1.9028645	8906
15	1.8719194	8784	15	1.9037551	8910
20	1.8727978	8788	20	1.9046461	8914
25	1.8736766	8791	25	1.9055375	8918
30	1.8745557	8794	30	1.9064293	8923
35	1.8754351	8797	35	1.9073216	8927
40	1.8763148	8801	40	1.9082143	8931
45	1.8771949	8804	45	1.9091074	8935
50	1.8780753	8807	50	1.9100009	8940
55	1.8789560	8809	55	1.9108949	8944
79 0	1.8798369	8813	82 0	1.9117893	8948
5	1.8807182	8816	5	1.9126841	8952
10	1.8815998	8820	10	1.9135793	8956
15	1.8824818	8823	15	1.9144749	8960
20	1.8833641	8827	20	1.9153709	8965
25	1.8842468	8830	25	1.9162674	8969
30	1.8851298	8833	30	1.9171643	8973
35	1.8860131	8837	35	1.9180616	8977
40	1.8868968	8840	40	1.9189593	8982
45	1.8877808	8843	45	1.9198575	8986
50	1.8886651	8847	50	1.9207561	8991
55	1.8895498	8850	55	1.9216552	8995
80 0	1.8904348	8854	83 0	1.9225547	9000
5	1.8913202	8858	5	1.9234547	9005
10	1.8922060	8862	10	1.9243552	9009
15	1.8930922	8865	15	1.9252561	9014
20	1.8939787	8869	20	1.9261575	9019
25	1.8948656	8873	25	1.9270594	9023
30	1.8957529	8876	30	1.9279617	9027
35	1.8966405	8879	35	1.9288644	9032
40	1.8975284	8884	40	1.9297676	9037
45	1.8984168	8888	45	1.9306713	9042
50	1.8993056	8892	50	1.9315755	9047
55	1.9001948	8895	55	1.9324802	9051
81 0	1.9010843	8899	84 0	1.9333853	9056

IV. Tafel. *Barker's* Cometentafel für die parabolische mittlere und wahre Bewegung.

Wahre Anomalie	Logarithmus der mittlern Beweg	Differ.	wahre Anomalie	Logarithm der mittl. Beweg.	Differ.
84° 5'	1.9342909	9061	87° 5'	1.9672389	9255
10	1.9351970	9066	10	1.9681644	9260
15	1.9361036	9071	15	1.9690904	9266
20	1.9370107	9076	20	1.9700170	9272
25	1.9379183	9081	25	1.9709442	9279
30	1.9388264	9086	30	1.9718721	9285
35	1.9397350	9090	35	1.9728006	9291
40	1.9406440	9096	40	1.9737297	9297
45	1.9415536	9101	45	1.9746594	9303
50	1.9424637	9107	50	1.9755897	9309
55	1.9433744	9112	55	1.9765206	9315
85 0	1.9442856	9117	88 0	1.9774521	9321
5	1.9451973	9122	5	1.9783842	9327
10	1.9461095	9127	10	1.9793169	9333
15	1.9470222	9132	15	1.9802502	9339
20	1.9479354	9137	20	1.9811841	9346
25	1.9488491	9142	25	1.9821187	9352
30	1.9497633	9147	30	1.9830539	9359
35	1.9506780	9153	35	1.9839898	9366
40	1.9515933	9159	40	1.9849264	9372
45	1.9525092	9164	45	1.9858636	9378
50	1.9534256	9170	50	1.9868014	9384
55	1.9543426	9176	55	1.9877398	9391
86 0	1.9552602	9181	89 0	1.9886789	9397
5	1.9561783	9186	5	1.9896186	9404
10	1.9570969	9192	10	1.9905590	9411
15	1.9580161	9197	15	1.9915001	9418
20	1.9589358	9203	20	1.9924419	9424
25	1.9598561	9208	25	1.9933843	9431
30	1.9607769	9214	30	1.9943274	9438
35	1.9616983	9220	35	1.9952712	9444
40	1.9626203	9226	40	1.9962156	9451
45	1.9635429	9231	45	1.9971607	9458
50	1.9644660	9237	50	1.9981065	9464
55	1.9653897	9243	55	1.9990529	9471
87 0	1.9663140	9249	90 0	2.0000000	9478

IV. Tafel. Barker's Cometentafel für die parabolische mittlere und wahre Bewegung.

Wahre Anomalie	Logarithmus der mittlern Beweg.	Differ.	wahre Anomalie	Logarithm. der mittl. Beweg.	Differ.
90° 5′	2.0009478	9485	93° 5′	2.0355543	9755
10	2.0018963	9492	10	2.0365298	9763
15	2.0028455	9499	15	2.0375061	9771
20	2.0037954	9506	20	2.0384832	9779
25	2.0047460	9514	25	2.0394611	9787
30	2.0056974	9521	30	2.0404398	9795
35	2.0066495	9528	35	2.0414193	9803
40	2.0076023	9535	40	2.0423996	9812
45	2.0085558	9542	45	2.0433808	9821
50	2.0095100	9549	50	2.0443629	9829
55	2.0104649	9556	55	2.0453458	9837
91 0	2.0114205	9563	94 0	2.0463295	9846
5	2.0123768	9570	5	2.0473141	9855
10	2.0133338	9577	10	2.0482996	9863
15	2.0142915	9584	15	2.0492859	9871
20	2.0152499	9592	20	2.0502730	9879
25	2.0162091	9600	25	2.0512609	9888
30	2.0171691	9608	30	2.0522497	9896
35	2.0181299	9616	35	2.0532393	9904
40	2.0190915	9623	40	2.0542297	9913
45	2.0200538	9630	45	2.0552210	9922
50	2.0210168	9637	50	2.0562132	9931
55	2.0219805	9645	55	2.0572063	9941
92 0	2.0229450	9653	95° 0	2.0582004	9949
5	2.0239103	9661	5	2.0591953	9958
10	2.0248764	9669	10	2.0601911	9967
15	2.0258433	9677	15	2.0611878	9976
20	2.0268110	9684	20	2.0621854	9984
25	2.0277794	9691	25	2.0631838	9993
30	2.0287485	9698	30	2.0641831	10002
35	2.0297183	9706	35	2.0651833	10011
40	2.0306889	9715	40	2.0661844	10020
45	2.0316604	9723	45	2.0671864	10030
50	2.0326327	9731	50	2.0681894	10039
55	2.0336058	9738	55	2.0691933	10048
93 0	2.0345796	9747	96 0	2.0701981	10057

IV. Tafel. *Barker's* Cometentafel für die parabolische mittlere und wahre Bewegung.

Wahre Anomalie	Logarithmus der mittlern Beweg.	Differ.	wahre Anomalie	Logarithm. der mittl. Beweg.	Differ.
96° 5′	2.0712038	10066	99° 5	2.1080522	10423
10	2.0722104	10075	10	2.1090945	10433
15	2.0732179	10085	15	2.1101378	10442
20	2.0742264	10095	20	2.1111820	10454
25	2.0752359	10104	25	2.1122274	10465
30	2.0762463	10113	30	2.1132739	10477
35	2.0772576	10122	35	2.1143216	10488
40	2.0782698	10132	40	2.1153704	10499
45	2.0792830	10141	45	2.1164203	10509
50	2.0802971	10151	50	2.1174712	10519
55	2.0813122	10160	55	2.1185231	10529
97 0	2.0823282	10170	100 0	2.1195760	10540
5	2.0833452	10180	5	2.1206300	10552
10	2.0843632	10190	10	2.1216852	10563
15	2.0853822	10200	15	2.1227415	10575
20	2.0864022	10209	20	2.1237990	10586
25	2.0874231	10219	25	2.1248576	10597
30	2.0884450	10228	30	2.1259173	10608
35	2.0894678	10238	35	2.1269781	10620
40	2.0904916	10248	40	2.1280401	10631
45	2.0915164	10259	45	2.1291032	10641
50	2.0925423	10269	50	2.1301673	10652
55	2.0935692	10278	55	2.1312325	10663
98 0	2.0945970	10288	101 0	2.1322988	10675
5	2.0956258	10299	5	2.1333663	10687
10	2.0966557	10310	10	2.1344350	10699
15	2.0976867	10320	15	2.1355049	10711
20	2.0987187	10329	20	2.1365760	10722
25	2.0997516	10339	25	2.1376482	10734
30	2.1007855	10349	30	2.1387216	10746
35	2.1018204	10359	35	2.1397962	10758
40	2.1028563	10370	40	2.1408720	10769
45	2.1038933	10381	45	2.1419489	10781
50	2.1049314	10392	50	2.1430270	10792
55	2.1059706	10403	55	2.1441062	10804
99 0	2.1070109	10413	102 0	2.1451866	10816

IV. Tafel. *Barker's* Cometentafel für die parabolische mittlere und wahre Bewegung.

Wahre Anomalie	Logarithmus der mitt'ern Beweg.	Differ.	wahre Anomalie	Logarithm. der mittl. Beweg.	Differ.
102° 5′	2,1462682	10828	105° 5′	2,1860366	11287
10	2,1473510	10841	10	2,1871653	11301
15	2,1484351	10852	15	2,1882954	11314
20	2,1495203	10864	20	2,1894268	11329
25	2,1506067	10876	25	2,1905597	11342
30	2,1516943	10889	30	2,1916939	11355
35	2,1527832	10901	35	2,1928294	11369
40	2,1538733	10913	40	2,1939663	11385
45	2,1549646	10926	45	2,1951046	11397
50	2,1560572	10938	50	2,1962443	11411
55	2,1571510	10950	55	2,1973854	11425
103 0	2,1582460	10963	106 0	2,1985279	11440
5	2,1593423	10975	5	2,1996719	11454
10	2,1604398	10987	10	2,2008173	11468
15	2,1615385	11000	15	2,2019641	11482
20	2,1626385	11013	20	2,2031123	11497
25	2,1637398	11026	25	2,2042620	11511
30	2,1648424	11039	30	2,2054131	11526
35	2,1659463	11051	35	2,2065657	11540
40	2,1670514	11064	40	2,2077197	11554
45	2,1681578	11077	45	2,2088751	11567
50	2,1692655	11089	50	2,2100318	11581
55	2,1703744	11101	55	2,2111899	11595
104 0	2,1714845	11114	107 0	2,2123494	11611
5	2,1725959	11128	5	2,2135105	11626
10	2,1737087	11141	10	2,2146731	11641
15	2,1748228	11154	15	2,2158372	11655
20	2,1759382	11167	20	2,2170027	11670
25	2,1770549	11180	25	2,2181697	11685
30	2,1781729	11194	30	2,2193382	11700
35	2,1792923	11207	35	2,2205082	11716
40	2,1804130	11221	40	2,2216798	11731
45	2,1815351	11234	45	2,2228529	11745
50	2,1826585	11247	50	2,2240274	11760
55	2,1837832	11260	55	2,2252034	11775
105 0	2,1849092	11274	108 0	2,2263809	11790

IV. Tafel. Barker's Cometentafel für die parabolische mittlere und wahre Bewegung.

Wahre Anomalie	Logari.hmus der mittlern Beweg.	Differ.	wahre Anomalie	Logarithm. der mittl. Beweg.	Differ.
108° 5′	2.2275599	11805	111° 5′	2.2710628	12390
10	2.2287404	11821	10	2.2723018	12408
15	2.2299225	11836	15	2.2735426	12425
20	2.2311061	11852	20	2.2747851	12442
25	2.2322913	11867	25	2.2760293	12459
30	2.2334780	11883	30	2.2772752	12477
35	2.2346663	11899	35	2.2785229	12494
40	2.2358562	11914	40	2.2797723	12512
45	2.2370476	11929	45	2.2810235	12530
50	2.2382405	11945	50	2.2822765	12548
55	2.2394350	11961	55	2.2835313	12565
109 0	2.2406311	11977	112 0	2.2847878	12583
5	2.2418288	11993	5	2.2860461	12601
10	2.2430281	12010	10	2.2873062	12619
15	2.2442291	12027	15	2.2885681	12636
20	2.2454318	12042	20	2.2898317	12655
25	2.2466360	12058	25	2.2910972	12673
30	2.2478418	12073	30	2.2923645	12691
35	2.2490491	12088	35	2.2936336	12709
40	2.2502579	12105	40	2.2949045	12728
45	2.2514684	12122	45	2.2961773	12746
50	2.2526806	12138	50	2.2974519	12764
55	2.2538944	12155	55	2.2987283	12783
110 0	2.2551099	12171	113 0	2.3000066	12802
5	2.2563270	12187	5	2.3012868	12820
10	2.2575457	12204	10	2.3025688	12839
15	2.2587661	12221	15	2.3038527	12858
20	2.2599882	12238	20	2.3051385	12877
25	2.2612120	12255	25	2.3064262	12896
30	2.2624375	12271	30	2.3077158	12914
35	2.2636646	12287	35	2.3090072	12932
40	2.2648933	12305	40	2.3103004	12951
45	2.2661238	12322	45	2.3115955	12971
50	2.2673560	12339	50	2.3128926	12990
55	2.2685899	12356	55	2.3141916	13009
111 0	2.2698255	12373	114 0	2.3154925	13029

IV. Tafel. *Barker's* Cometentafel für die parabolische mittlere und wahre Bewegung.

Wahre Anomalie	Logarithmus der mittlern Beweg.	Differ.	wahre Anomalie	Logarithm. der mittl. Beweg.	Differ.
114° 5′	2.3167954	13049	117° 5′	2.3650394	13789
10	2.3181003	13068	10	2.3664183	13811
15	2.3194071	13087	15	2.3677994	13833
20	2.3207158	13107	20	2.3691827	13855
25	2.3220265	13126	25	2.3705682	13877
30	2.3233391	13146	30	2.3719559	13899
35	2.3246537	13165	35	2.3733458	13922
40	2.3259702	13185	40	2.3747380	13944
45	2.3272887	13205	45	2.3761324	13966
50	2.3286092	13226	50	2.3775290	13989
55	2.3299318	13246	55	2.3789279	14012
115 0	2.3312564	13266	118 0	2.3803291	14034
5	2.3325830	13286	5	2.3817325	14056
10	2.3339116	13305	10	2.3831381	14079
15	2.3352421	13326	15	2.3845460	14102
20	2.3365747	13347	20	2.3859562	14125
25	2.3379094	13367	25	2.3873687	14148
30	2.3392461	13387	30	2.3887835	14171
35	2.3405848	13407	35	2.3902006	14194
40	2.3419255	13428	40	2.3916200	14217
45	2.3432683	13449	45	2.3930417	14241
50	2.3446132	13470	50	2.3944658	14264
55	2.3459602	13490	55	2.3958922	14287
116 0	2.3473092	13511	119 0	2.3973209	14311
5	2.3486603	13532	5	2.3987520	14335
10	2.3500135	13553	10	2.4001855	14359
15	2.3513688	13575	15	2.4016214	14382
20	2.3527263	13596	20	2.4030596	14406
25	2.3540859	13617	25	2.4045002	14430
30	2.3554476	13639	30	2.4059432	14454
35	2.3568115	13660	35	2.4073886	14479
40	2.3581775	13681	40	2.4088365	14502
45	2.3595456	13702	45	2.4102867	14526
50	2.3609158	13724	50	2.4117393	14551
55	2.3622882	13745	55	2.4131944	14575
117 0	2.3636627	13767	120 0	2.4146519	14600

IV. Tafel. Barker's Cometentafel für die parabolische mittlere und wahre Bewegung.

Wahre Anomalie	Logarithmus der mittlern Beweg.	Differ.	wahre Anomalie	Logarithm. der mittl. Beweg.	Differ.
120° 5′	2.4161119	14624	123° 5′	2.4703745	15567
10	2.4175743	14649	10	2.4719312	15595
15	2.4190392	14674	15	2.4734907	15623
20	2.4205066	14699	20	2.4750530	15651
25	2.4219765	14723	25	2.4766181	15678
30	2.4234488	14748	30	2.4781859	15707
35	2.4249236	14773	35	2.4797566	15735
40	2.4264009	14799	40	2.4813301	15763
45	2.4278808	14824	45	2.4829064	15792
50	2.4293632	14850	50	2.4844856	15821
55	2.4308482	14875	55	2.4860677	15851
121 0	2.4323357	14900	124 0	2.4876528	15879
5	2.4338257	14926	5	2.4892407	15908
10	2.4353183	14951	10	2.4908315	15937
15	2.4368134	14977	15	2.4924252	15966
20	2.4383111	15003	20	2.4940218	15995
25	2.4398114	15030	25	2.4956213	16025
30	2.4413144	15055	30	2.4972238	16054
35	2.4428199	15081	35	2.4988292	16083
40	2.4443280	15107	40	2.5004375	16113
45	2.4458387	15134	45	2.5020488	16143
50	2.4473521	15160	50	2.5036631	16173
55	2.4488681	15186	55	2.5052804	16202
122 0	2.4503867	15213	125 0	2.5069006	16233
5	2.4519080	15240	5	2.5085239	16263
10	2.4534320	15268	10	2.5101502	16293
15	2.4549588	15294	15	2.5117795	16324
20	2.4564882	15320	20	2.5134119	16354
25	2.4580202	15346	25	2.5150473	16384
30	2.4595548	15374	30	2.6166857	16415
35	2.4610922	15402	35	2.5183272	16446
40	2.4626324	15429	40	2.5199718	16477
45	2.4641753	15457	45	2.5216195	16508
50	2.4657210	15484	50	2.5232703	16540
55	2.4672694	15512	55	2.5249243	16571
123 0	2.4688206	15539	126 0	2.5265814	16602

IV. Tafel. Barker's Cometentafel für die parabolische mittlere und wahre Bewegung.

Wahre Anomalie	Logarithmus der mittlern Beweg.	Differ.	wahre Anomalie	Logarithm. der mittl. Beweg.	Differ.
126° 5'	2.5282416	16633	129° 5'	2.5901918	17843
10	2.5299049	16665	10	2.5919761	17880
15	2.5315714	16696	15	2.5937641	17915
20	2.5332410	16727	20	2.5955556	17951
25	2.5349137	16760	25	2.5973507	17987
30	2.5365897	16792	30	2.5991494	18024
35	2.5382689	16825	35	2.6009518	18061
40	2.5399514	16857	40	2.6027579	18097
45	2.5416371	16889	45	2.6045676	18134
50	2.5433260	16921	50	2.6063810	18171
55	2.5450181	16953	55	2.6081981	18207
127 0	2.5467134	16986	130 0	2.6100188	18244
5	2.5484120	17020	5	2.6118432	18282
10	2.5501140	17053	10	2.6136714	18320
15	2.5518193	17086	15	2.6155034	18358
20	2.5535279	17119	20	2.6173392	18395
25	2.5552398	17152	25	2.6191787	18433
30	2.5569550	17186	30	2.6210220	18471
35	2.5586736	17219	35	2.6228691	18509
40	2.5603955	17252	40	2.6247200	18547
45	2.5621207	17286	45	2.6265747	18586
50	2.5638493	17320	50	2.6284333	18625
55	2.5655813	17353	55	2.6302958	18663
128 0	2.5673166	17388	131 0	2.6321621	18702
5	2.5690554	17422	5	2.6340323	18742
10	2.5707976	17457	10	2.6359065	18782
15	2.5725433	17492	15	2.6377847	18820
20	2.5742925	17527	20	2.6396667	18839
25	2.5760452	17561	25	2.6415526	18899
30	2.5778013	17595	30	2.6434425	18939
35	2.5795608	17630	35	2.6453364	18978
40	2.5813238	17664	40	2.6472342	19018
45	2.5830903	17701	45	2.6491360	19059
50	2.5848604	17736	50	2.6510419	19099
55	2.5866340	17771	55	2.6529518	19140
129 0	2.5884111	17807	132 0	2.6548658	19180

IV. Tafel. Barker's Cometentafel für die parabolische mittlere und wahre Bewegung.

Wahre Anomalie	Logarithmus der mittlern Beweg.	Differ.	wahre Anomalie	Logarithm. der mittl. Beweg.	Differ.
132° 5′	2.6567838	19221	135° 5′	2.7286741	20797
10	2.6587059	19261	10	2.7307538	20845
15	2.6606320	19303	15	2.7328383	20893
20	2.6625623	19344	20	2.7349276	20940
25	2.6644967	19386	25	2.7370216	20988
30	2.6664353	19428	30	2.7391204	21035
35	2.6683781	19469	35	2.7412239	21083
40	2.6703250	19511	40	2.7433322	21131
45	2.6722761	19553	45	2.7454453	21179
50	2.6742314	19595	50	2.7475632	21227
55	2.6761909	19638	55	2.7496859	21275
133 0	2.6781547	19680	136 0	2.7518134	21325
5	2.6801227	19723	5	2.7539459	21375
10	2.6820950	19766	10	2.7560834	21424
15	2.6840716	19809	15	2.7582258	21473
20	2.6860525	19852	20	2.7603731	21523
25	2.6880377	19895	25	2.7625254	21573
30	2.6900272	19939	30	2.7646827	21623
35	2.6920211	19982	35	2.7668450	21673
40	2.6940193	20026	40	2.7690123	21724
45	2.6960219	20070	45	2.7711847	21774
50	2.6980289	20114	50	2.7733621	21825
55	2.7000403	10159	55	2.7755446	21876
134 0	2.7020562	20204	137 0	2.7777322	21928
5	2.7040766	20249	5	2.7799250	21979
10	2.7061015	20293	10	2.7821229	22031
15	2.7081308	20338	15	2.7843260	22083
20	2.7101646	20383	20	2.7865343	22134
25	2.7122029	20428	25	2.7887477	22186
30	2.7142457	20474	30	2.7909663	22239
35	2.7162931	20520	35	2.7931902	22292
40	2.7183451	20565	40	2.7954194	22345
45	2.7204016	20612	45	2.7976539	22398
50	2.7224628	20658	50	2.7998937	22452
55	2.7245286	20705	55	2.8021389	22507
135 0	2.7265991	20750	138 0	2.8043896	22560

IV. Tafel. Barker's Cometentafel für die parabolische mittlere und wahre Bewegung.

Wahre Anomalie	Logarithmus der mittlern Beweg.	Differ.	wahre Anomalie	Logarithm. der mittl. Beweg.	Differ.
138° 5′	2.8066456	22613	141° 5	2.8916408	24719
10	2.8089069	22667	10	2.8941127	24782
15	2.8111736	22722	15	2.8965909	24845
20	2.8134458	22776	20	2.8990754	24909
25	2.8157234	22831	25	2.9015663	24973
30	2.8180065	22887	30	2.9040636	25036
35	2.8202952	22942	35	2.9065672	25101
40	2.8225894	22999	40	2.9090773	25166
45	2.8248893	23055	45	2.9115939	25232
50	2.8271948	23110	50	2.9141171	25296
55	2.8295058	23166	55	2.9166467	25362
139 0	2.8318224	23223	142 0	2.9191829	25429
5	2.8341447	23280	5	2.9217258	25495
10	2.8364727	23336	10	2.9242753	25562
15	2.8388063	23391	15	2.9268315	25630
20	2.8411457	23452	20	2.9293945	25695
25	2.8434909	23509	25	2.9319640	25762
30	2.8458418	23567	30	2.9345402	25830
35	2.8481985	23626	35	2.9371232	25900
40	2.8505611	23685	40	2.9397132	25968
45	2.8529296	23744	45	2.9423100	26038
50	2.8553040	23802	50	2.9449138	26106
55	2.8576842	23861	55	2.9475244	26175
140 0	2.8600703	23920	143 0	2.9501419	26245
5	2.8624623	23980	5	2.9527664	26315
10	2.8648603	24041	10	2.9553979	26386
15	2.8672644	24102	15	2.9580365	26456
20	2.8696746	24162	20	2.9606821	26526
25	2.8720908	24223	25	2.9633347	26598
30	2.8745131	24283	30	2.9659945	26670
35	2.8769414	24343	35	2.9686615	26742
40	2.8793757	24405	40	2.9713357	26814
45	2.8818162	24469	45	2.9740171	26886
50	2.8842631	24530	50	2.9767057	26959
55	2.8867161	24592	55	2.9794016	27032
141 0	2.8891753	24655	144 0	2.9821048	27107

IV. Tafel. *Barker's* Cometentafel für die parabolische mittlere und wahre Bewegung.

Wahre Anomalie	Logarithmus der mittlern Beweg.	Differ.	Wahre Anomalie	Logarithm. der mittl. Bewrg.	Differ.
144° 5′	2.9848155	27181	147° 5′	3.0876070	30092
10	2.9875336	27254	10	3.0906162	30181
15	2.9902590	27328	15	3.0936343	30270
20	2.9929918	27403	20	3.0966613	30358
25	2.9957321	27479	25	3.0996971	30446
30	2.9984800	27556	30	3.1027417	30538
35	3.0012356	27632	35	3.1057955	30629
40	3.0039988	27708	40	3.1088584	30720
45	3.0067696	27786	45	3.1119304	30813
50	3.0095482	27861	50	3.1150117	30905
55	3.0123343	27938	55	3.1181022	30996
145 0	3.0151281	28016	148 0	3.1112018	31089
5	3.0179297	28095	5	3.1243107	31182
10	3.0207392	28174	10	3.1274289	31276
15	3.0235566	28254	15	3.1305565	31372
20	3.0263820	28333	20	3.1336937	31467
25	3.0292153	28412	25	3.1368404	31562
30	3.0320565	28492	30	3.1399966	31658
35	3.0349057	28572	35	3.1431624	31754
40	3.0377629	28654	40	3.1463378	31850
45	3.0406283	28736	45	3.1495228	31948
50	3.0435019	28819	50	3.1527176	32046
55	3.0463838	28894	55	3.1559222	32145
146 0	3.0492732	28979	149 0	3.1591367	32244
5	3.0521711	29066	5	3.1623611	32344
10	3.0550777	29150	10	3.1655955	32444
15	3.0579927	29235	15	3.1688399	32545
20	3.0609162	29319	20	3.1720944	32646
25	3.0638481	29395	25	3.1753590	32746
30	3.0667876	29481	30	3.1786336	32848
35	3.0697357	29569	35	3.1819184	32952
40	3.0726926	29655	40	3.1852136	33056
45	3.0756581	29743	45	3.1885192	33160
50	3.0786324	29828	50	3.1918352	33263
55	3.0816152	29915	55	3.1951615	33368
147 0	3.0846067	30003	150 0	3.1984983	33475

IV. Tafel. *Barker's* Cometentafel für die parabolische mittlere und wahre Bewegung.

Wahre Anomalie	Logarithmus der mittlern Beweg.	Differ.	wahre Anomalie	Logarithm. der mittl. Beweg.	Differ.
150° 5′	3. 2018458	33582	153° 5′	3. 3299152	37831
10	3. 2052040	33688	10	3. 3336983	37968
15	3. 2085728	33796	15	3. 3374951	38095
20	3. 2119524	33902	20	3. 3413046	38234
25	3. 2153426	34010	25	3. 3451280	38361
30	3. 2187436	34120	30	3. 3489641	38496
35	3. 2221556	34232	35	3. 3528137	38635
40	3. 2255788	34341	40	3. 3566772	38774
45	3. 2290129	34452	45	3. 3605546	38907
50	3. 2324581	34563	50	3. 3644453	39053
55	3. 2359144	34673	55	3. 3683506	38178
151 0	3. 2393817	34793	154 0	3. 3722684	39325
5	3. 2428610	34901	5	3. 3762009	39464
10	3. 2463511	35016	10	3. 3801473	39608
15	3. 2498527	35130	15	3. 3841081	39748
20	3. 2533657	35249	20	3. 3880829	39894
25	3. 2568906	35361	25	3. 3920723	40041
30	3. 2604267	35481	30	3. 3960765	40176
35	3. 2639748	35596	35	3. 4000941	40328
40	3. 2675344	35715	40	3. 4041269	40475
45	3. 2711059	35833	45	3. 4081744	40626
50	3. 2746892	35955	50	3. 4122370	40773
55	3. 2782847	36070	55	3. 4163143	40921
152 0	3. 2818917	36191	155 0	3. 4204064	41072
5	3. 2855108	36325	5	3. 4245136	41226
10	3. 2891433	36439	10	3. 4286362	41380
15	3. 2927872	36562	15	3. 4327742	41531
20	3. 2964434	36684	20	3. 4369273	41685
25	3. 3001118	36811	25	3. 4410958	41845
30	3. 3037929	36936	30	3. 4452803	41997
35	3. 3074865	37061	35	3. 4494800	42156
40	3. 3111926	37189	40	3. 4536956	42318
45	3. 3149115	37314	45	3. 4579274	42478
50	3. 3186429	37446	50	3. 4621752	42639
55	3. 3223875	37572	55	3. 4664391	42801
153 0	3. 3261447	37705	156 0	3. 4707192	42965

IV. Tafel. Barker's Cometentafel für die parabolische mittlere und wahre Bewegung.

Wahre Anomalie	Logarithmus der mittlern Beweg.	Differ.	wahre Anomalie	Logarithm. der mittl. Beweg.	Differ.
156° 5′	3.4750157	43126	159° 5′	3.6416043	49903
10	3.4793283	43296	10	3.6465946	50119
15	3.4836579	43461	15	3.6516065	50340
20	3.4880040	43629	20	3.6566405	50555
25	3.4923669	43798	25	3.6616960	50775
30	3.4967467	43970	30	3.6667735	51000
35	3.5011437	44143	35	3.6718735	51223
40	3.5055580	44306	40	3.6769958	51446
45	3.5099886	44487	45	3.6821404	51676
50	3.5144373	44663	50	3.6873080	51908
55	3.5189036	44839	55	3.6924988	52136
157 0	3.5233875	45015	160 0	3.6977124	52372
5	3.5278890	45193	5	3.7029496	52606
10	3.5324083	45375	10	3.7082102	52842
15	3.5369458	45559	15	3.7134944	53083
20	3.5415017	45737	20	3.7188027	53342
25	3.5460754	45922	25	3.7241369	53548
30	3.5506676	46108	30	3.7294917	53814
35	3.5552784	46296	35	3.7348731	54057
40	3.5599080	46482	40	3.7402788	54308
45	3.5645562	46671	45	3.7457096	54559
50	3.5692233	46866	50	3.7511655	54816
55	3.5739099	47052	55	3.7566471	55070
158 0	3.5786151	47253	161 0	3.7621541	55330
5	3.5833404	47444	5	3.7676871	55585
10	3.5880848	47638	10	3.7732456	55848
15	3.5928486	47838	15	3.7788304	56114
20	3.5976324	48041	20	3.7844418	56382
25	3.6024365	48238	25	3.7900800	56651
30	3.6072603	48444	30	3.7957451	56921
35	3.6121047	48647	35	3.8014372	57192
40	3.6169694	48851	40	3.8071560	57481
45	3.6218545	49058	45	3.8129041	57755
50	3.6267603	49268	50	3.8186796	58034
55	3.6316871	49481	55	3.8244830	58318
159 0	3.6366352	49691	162 0	3.8303148	58605

IV. Tafel. Barker's Cometentafel für die parabolische mittlere und wahre Bewegung.

Wahre Anomalie	Logarithmus der mittlern Beweg.	Differ.	wahre Anomalie	Logarithm. der mittl. Beweg.	Differ.
162° 5′	3.8361753	58894	165° 5′	4.0687682	71424
10	3.8420647	59186	10	4.0759106	71843
15	3.8479833	59476	15	4.0830949	72266
20	3.8539309	59783	20	4.0903215	72695
25	3.8599092	60077	25	4.0975910	73127
30	3.8659169	60384	30	4.1049037	73570
35	3.8719553	60685	35	4.1122607	74011
40	3.8780238	60998	40	4.1196618	74460
45	3.8841236	61309	45	4.1271078	74913
50	3.8902545	61621	50	4.1345991	75370
55	3.8964166	61950	55	4.1421361	75835
163 0	3.9026116	62252	166 0	4.1497196	76308
5	3.9088368	62585	5	4.1573504	76781
10	3.9150953	62910	10	4.1650285	77263
15	3.9213863	63244	15	4.1727548	77747
20	3.9277107	63575	20	4.1805295	78244
25	3.9340682	63914	25	4.1883539	78738
30	3.9404596	64250	30	4.1962277	79244
35	3.9468846	64596	35	4.2041521	79758
40	3.9533442	64944	40	4.2121279	80272
45	3.9598386	65292	45	4.2201551	80797
50	3.9663678	65642	50	4.2282348	81327
55	3.9729320	66010	55	4.2363675	81861
164 0	3.9795330	66366	167 0	4.2445536	82409
5	3.9861696	66731	5	4.2527945	82958
10	3.9928427	67100	10	4.2610903	83514
15	3.9995527	67472	15	4.2694417	84080
20	4.0062999	67850	20	4.2778497	84653
25	4.0130849	68226	25	4.2863150	85230
30	4.0199075	68616	30	4.2948380	85822
35	4.0267691	69002	35	4.3034202	86413
40	4.0336693	69397	40	4.3120615	87020
45	4.0406090	69797	45	4.3207635	87627
50	4.0475887	70187	50	4.3295262	88248
55	4.0546074	70598	55	4.3383510	88879
165 0	4.0616672	71019	168 0	4.3472389	89512

IV. Tafel. Barker's Cometentafel für die parabolische mittlere und wahre Bewegung.

Wahre Anomalie	Logarithm. der mittl. Beweg.	Differ.	wahre Anomalie	Logarithm. d mittl. Beweg.	Differ.
168° 5′	4.3561901	90159	171° 5′	4.7300063	121373
10	3.3652060	90817	10	4.7421436	122545
15	4.3742877	91473	15	4.7543981	123736
20	4.3834350	92152	20	4.7667717	124945
25	4.3926502	92833	25	4.7792662	126184
30	4.4019335	93527	30	4.7918846	127444
35	4.4112862	94230	35	4.8046290	128730
40	4.4207092	94943	40	4.8175020	130045
45	4.4302035	95663	45	4.8305065	131391
50	4.4397698	96399	50	4.8436456	132739
55	4.4494097	97142	55	4.8569195	134139
169 0	4.4591239	97905	172 0	4.8703334	135564
5	4.4689144	98667	5	4.8838898	137014
10	4.4787811	99446	10	4.8975912	138500
15	4.4887257	100255	15	4.9114412	140014
20	4.4987512	101029	20	4.9254426	141560
25	4.5088541	101857	25	4.9395986	143145
30	4.5190398	102691	30	4.9539131	144764
35	4.5293089	103531	35	4.9683895	146415
40	4.5396620	104386	40	4.9830310	148108
45	4.5501006	105257	45	4.9978418	149839
50	4.5606263	106143	50	5.0128257	151606
55	4.5712406	107037	55	5.0279863	153420
170 0	4.5819443	107957	173 0	5.0433283	155278
5	4.5927400	108877	5	5.0588561	157175
10	4.6036277	109828	10	5.0745736	159125
15	4.6146105	110787	15	5.0904861	161119
20	4.6256892	111765	20	5.1065980	163163
25	4.6368657	112756	25	5.1229143	165250
30	4.6481413	113768	30	5.1394393	167421
35	4.6595181	114795	35	5.1561814	169617
40	4.6709976	115849	40	5.1731431	171882
45	4.6825825	116908	45	5.1903313	174208
50	4.6942733	117997	50	5.2077521	176596
55	4.7060730	119102	55	5.2254117	179046
171 0	4.7179832	120231	174 0	5.2433163	181577

IV. Tafel. *Barker's* Cometentafel für die parabolische mittlere und wahre Bewegung.

Wahre Anomalie	Logarithm. der mittl. Beweg.	Differ.	wahre Anomalie	Logarithm. der mittl. Bewcg.	Differ.
174° 5′	5. 2614740	184166	177° 5′	6. 1812995	377356
10	5. 2798906	186833	10	6. 2190351	388647
15	5. 2985739	189580	15	6. 2578998	400619
20	5. 3175319	192406	20	6. 2979617	413359
25	5. 3367725	195321	25	6. 3392976	426932
30	5. 3563046	198319	30	6. 3819908	441429
35	5. 3761365	201411	35	6. 4261337	456938
40	5. 3962776	204601	40	6. 4718275	473575
45	5. 4167377	207899	45	6. 5191850	491472
50	5. 4375276	211291	50	6. 5683322	510763
55	5. 4586567	214806	55	6. 6194085	531638
175 0	5. 4801373	218431	178 0	6. 6725723	554287
5	5. 5019804	222187	5	6. 7280010	578947
10	5. 5241991	226070	10	6. 7858957	605906
15	5. 5468061	230085	15	6. 8464863	635491
20	5. 5698146	234255	20	6. 9100354	668111
25	5. 5932401	238569	25	6. 9768465	704265
30	5. 6170970	243049	30	7. 0472736	744545
35	5. 6414019	247692	35	7. 1217275	789718
40	5. 6661711	252525	40	7. 2006993	840724
45	5. 6914236	257543	45	7. 2847717	898757
50	5. 7171779	262763	50	7. 3746474	965418
55	5. 7434542	268204	55	7. 4711892	1042748
176 0	5. 7702746	273867	179 0	7. 5754640	1133551
5	5. 7976613	279774	5	7. 6888191	1241682
10	5. 8256387	285942	10	7. 8129873	1372641
15	5. 8542329	292386	15	7. 9502514	1534497
20	5. 8834715	299130	20	8. 1037011	1739690
25	5. 9133845	306183	25	8. 2776701	2008344
30	5. 9440028	313585	30	8. 4785045	2375387
35	5. 9753613	321346	35	8. 7160432	2907260
40	6. 0074959	329498	40	9. 0067692	3748127
45	6. 0404457	338077	45	9. 3815819	5282717
50	6. 0742534	347113	50	9. 9098536	9030888
55	6. 1089647	356640	55	10. 8129421	
177 0	6. 1446287	366708	180 0		

V. Tafel.

Reduction der Parabel auf die Ellipse.

wahre Anomalie	Verbesserung der wahren Anomalie	Differenzen	wahre Anomalie	Verbesserung der wahren Anomalie	Differenzen
1°	7,6398284	3006659	31°	9,0406130	73902
2	7,9404943	1756504	32	9,0480032	67013
3	8,1161447	1243207	33	9,0547045	60097
4	8,2404654	961139	34	9,0607142	53521
5	8,3365793	784072	35	9,0660663	46989
6	8,4149865	655940	36	9,0707652	41782
7	8,4805805	567548	37	9,0749434	32947
8	8,5373353	495435	38	9,0782381	27835
9	8,5868788	440623	39	9,0810216	21539
10	8,6309411	395145	40	9,0831755	15220
11	8,6704556	357247	41	9,0846975	8892
12	8,7061803	325127	42	9,0855867	2483
13	8,7386930	297414	43	9,0858350	3963
14	8,7684344	273398	44	9,0854387	10535
15	8,7957742	252074	45	9,0843852	17067
16	8,8209816	233131	46	9,0826785	24196
17	8,8442947	216097	47	9,0802589	31050
18	8,8659044	200673	48	9,0771539	38296
19	8,8859717	186593	49	9,0733243	45788
20	8,9046310	173651	50	9,0687455	53574
21	8,9219961	162669	51	9,0633881	61692
22	8,9382630	149679	52	9,0572189	70221
23	8,9532309	140086	53	9,0501968	79195
24	8,9672395	130408	54	9,0422773	88707
25	8,9802803	121179	55	9,0334066	98814
26	8,9923982	112428	56	9,0235252	109621
27	9,0036410	104089	57	9,0125631	121246
28	9,0140499	96151	58	9,0004385	133891
29	9,0236650	88421	59	8,9870494	147569
30	9,0325071	81059	60	8,9722925	162606

V. Tafel.

Reduction der Parabel auf die Ellipse.

wahre Anomalie	Verbefferung der wahren Anomalie —	Differenzen	wahre Anomalie	Verbefferung der wahren Anomalie +	Differenz.
61°	8,9560319	179230	91°	9,0402308	375967
62	8,9381089	197747	92	9,0778275	353227
63	8,9183342	218558	93	9,1131502	333342
64	8,8964784	242066	94	9,1464844	315956
65	8,8722718	269475	95	9,1780800	300437
66	8,8453243	300936	96	9,2081237	286604
67	8,8152307	338262	97	9,2367841	271496
68	8,7814045	383130	98	9,2639337	265683
69	8,7430915	438278	99	9,2905020	252807
70	8,6992637	506877	100	9,3157827	243574
71	8,6485860	599359	101	9,3401401	235103
72	8,5886501	721609	102	9,3636504	227342
73	8,5164892	899644	103	9,3863846	220222
74	8,4265248	1180233	104	9,4084068	214193
75	8,3085015	1691021	105	9,4298261	204805
76	8,1393994	2862488	106	9,4503066	202243
77	7,8531506	22973988	107	9,4705309	199572
78	5,5557522		108	9,4904881	191123
79	7,8545992	3081431	109	9,5096004	187514
80	8,1627423	1826212	110	9,5283518	183338
81	8,3453635	1311981	111	9,5466856	179431
82	8,4765616	1030188	112	9,5646287	175860
83	8,5795804	851707	113	9,5822147	172515
84	8,6647511	728417	114	9,5994662	169249
85	8,7375928	638022	115	9,6163911	166687
86	8,8013950	568857	116	9,6330598	163876
87	8,8582807	514171	117	9,6494474	161377
88	8,9096978	465163	118	9,6655851	159011
89	8,9562141	437859	119	9,6814862	157121
90	9,0000000	402308	120	9,6971983	155091

V. Tafel.

Reduction der Parabel auf die Ellipse.

wahre Anomalie	Verbesserung der wahren Anomalie +	Differenzen	wahre Anomalie	Verbesserung der wahren Anomalie +	Differenzen
121°	9,7127074	153319	151°	0,1657915	175518
122	9,7280393	151743	152	0,1833433	182285
123	9,7432136	150294	153	0,2015718	185834
124	9,7582430	149025	154	0,2201552	191322
125	9,7731455	147881	155	0,2392874	197249
126	9,7879336	146914	156	0,2590123	203795
127	9,8026250	146034	157	0,2793918	211033
128	9,8172284	145356	158	0,3004951	219064
129	9,8317640	144803	159	0,3224015	227986
130	9,8462443	144382	160	0,3452001	237947
131	9,8606825	144139	161	0,3689948	249015
132	9,8750964	144017	162	0,3938963	261735
133	9,8894981	144018	163	0,4200698	275843
134	9,9038999	144216	164	0,4476541	292000
135	9,9183215	144523	165	0,4768541	300060
136	9,9327738	145016	166	0,5068601	331400
137	9,9472754	145687	167	0,5400001	367584
138	9,9618441	146438	168	0,5767585	386666
139	9,9764879	147448	169	0,6154251	421640
140	9,9912327	148609	170	0,6575891	454521
141	0,0060936	149956	171	0,7030412	527717
142	0,0210892	151616	172	0,7558129	585362
143	0,0362508	153128	173	0,8143491	674170
144	0,0515636	155230	174	0,8817661	795782
145	0,0670866	157426	175	0,9613443	972330
146	0,0828292	159881	176	1,0585773	1251956
147	0,0988173	162603	177	1,1837679	1772712
148	0,1150776	......	178	1,3610391	......

VI. Tafel. Beſtimmungsſtücke der Bahn

Ordnung der Cometen	Zeit der Sonnen-Nähe (Alter Styl)					Länge des aufſteigenden Knotens				Neigung der Bahn		
	Jahr	Tag	St.	M.	S.	Z.	°	′	″	°	′	″
I	837	März 1	0			6	26	33	0	10° bis 12°		
II	1066	May 30 bis 31				7	20			70 bis 80		
III	1231	Jan. 30	7	22	0	0	13	30	0	6	5	0
IV	1264	Jul. 6	8	0	0	5	19	0	0	36	30	0
		Jul. 16	0	0	0	5	25	30	0	30	25	0
		Jul. 17	6	10	0	5	28	45	0	30	25	0
V	1299	März 31	7	38	0	3	17	8	0	68	57	0
VI	1301	Oct. 22				0	15			70		
VII	1337	Jun. 2	6	35	0	2	24	21	0	32	11	0
		Jun. 1	0	40	0	2	6	22	0	32	11	0
VIII	1456	Jun. 8	22	10	0	1	18	30	0	17	56	0
IX	1472	Febr. 28	22	33	0	9	11	46	20	5	20	0
8	1531	Aug. 24	21	28	0	1	19	25	0	17	56	0
X	1532	Oct. 19	22	21	0	2	20	27	0	32	36	0
		Oct. 19	15	2	0	3	29	8	0	42	27	0
		Oct. 18	8	8	0	2	27	23	0	32	36	0
XI	1533	Jun. 16	19	40	0	4	5	44	0	35	49	0
		Jun. 14	21	20	52	9	29	19	0	28	14	0
4 XII	1556	Apr. 21	20	13	0	5	25	42	0	32	6	30
XIII	1577	Oct. 26	18	55	0	0	25	52	0	74	32	45
XIV	1580	Nov. 28	15	10	0	0	18	57	20	64	40	0
		Nov. 28	13	54	0	0	19	7	37	64	51	50
XV	1582	Mai 6	16	9	0	7	21	7	20	61	27	50
		Mai 7	8	30	0	7	4	42	35	59	29	5
		Neuer Styl.										
XVI	1585	Oct. 7	19	30	0	1	7	42	30	6	4	0
XVII	1590	Febr. 8	3	55	0	5	15	30	40	29	40	40
XVIII	1593	Jul. 18	13	48	0	5	14	15	0	87	58	0
XIX	1596	Aug. 10	20	5	0	10	12	12	30	55	12	0
		Aug. 8	15	43	0	10	15	36	50	52	9	45
8	1607	Oct. 26	4	0	0	1	20	21	0	17	2	0
XX	1618	Aug. 17	3	12	0	9	23	25	0	21	28	0
XXI	1618	Nov. 8	12	33	0	2	16	1	0	37	34	0
XXII	1652	Nov. 12	15	50	0	2	28	10	0	79	28	0
10 XXIII	1661	Jan. 26	23	50	0	2	22	30	0	32	35	50
		Jan. 26	21	18	0	2	21	54	0	33	0	55
XXIV	1664	Dec. 4	12	2	0	2	21	13	55	21	18	40

aller bisher berechneten Cometen.

Länge des Sonnennähepunkts z ° ′ ″	Kleinster Abstand von der Sonne	Logarithme des kleinsten Abstandes	Logarithme der täglich. mittlern Bewegung	Richtung des Laufs	Nahme des Berechners
9 19 3 0	0,58	9,763428	0,314986	R.	Pingré
4 0	0,34	9,53	0,665	R.	Pingré
4 14 48 0	0,94776	9,976698	9,995081	D.	Pingré
9 21 0 0	0,445	9,648360	0,487588	D.	Dunthorn
9 2 30 0	0,4300	9,633469	0,509924	D.	Pingré
9 5 45 0	0,41081	9,613640	0,539668	D.	Pingré
0 3 20 0	0,31793	9,502330	0,706633	R.	Pingré
9	0,457	9,66	0,47	R.	Pingré
1 7 59 0	0,40666	9,609236	0,546274	R.	Halley
0 20 0 0	0,64452	9,809240	0,246268	R.	Pingré
10 1 0 0	0,58552	9,767540	0,308818	R.	Pingré
1 15 33 30	0,54273	9,734584	0,358252	R.	Halley
10 1 39 0	0,56700	9,753583	0,329754	R.	Halley
3 21 7 0	0,50910	9,706803	0,399924	D.	Halley
4 15 44 0	0,61255	9,787141	0,279416	D.	Méchain
3 21 48 0	0,51922	9,715351	0,387101	D.	Olbers
3 14 12 0	0,20280	9,307068	0,999526	R.	Douwes
7 7 40 0	0,32686	9,514362	0,688585	D.	Olbers
9 8 50 0	0,46390	9,666424	0,460492	D.	Halley
4 9 22 00	0,18342	9,263447	1,064958	R.	Halley
3 19 5 50	0,59628	9,775450	0,296953	D.	Halley
3 19 11 55	0,59553	9,774903	0,297774	D.	Pingré
8 5 23 10	0,225695	9,353522	0,929845	R.	Pingré
9 11 26 45	0,040066	8,602754	2,055997	R.	Pingré
0 8 51 0	1,09858	0,038850	9,901853	D.	Halley
7 6 54 30	0,57661	9,760882	0,318805	R.	Halley
5 26 19 0	0,08911	8,949940	1,535218	D.	la Caille
7 18 16 0	0,51293	9,710058	0,395041	R.	Halley
7 28 30 50	0,549424	9,739908	0,350266	R.	Pingré
10 2 16 0	0,58680	9,768490	0,307393	R.	Halley
10 18 20 0	0,51298	9,710100	0,394978	D.	Pingré
0 2 14 0	0,37975	9,579498	0,590881	D.	Halley
0 28 18 40	0,84750	9,928140	0,067918	D.	Halley
3 25 58 40	0,44851	9,651772	0,482470	D.	Halley
3 25 16 8	0,442722	9,646131	0,490932	D.	Méchain
4 10 41 25	1,025575½	0,011044	9,943562	R.	Halley

VI. Tafel. Beſtimmungsſtücke der Bahn

Ordnung der Cometen	Zeit der Sonnen-Nähe					Länge des aufſteigenden Knotens				Neigung der Bahn		
	Jahr	Tag	St.	M.	S.	Z.	°	′	″	°	′	″
XXV	1665	Apr. 24	5	25	10	7	18	2	0	76	5	0
XXVI	1672	März 1	8	47	0	9	27	30	30	83	22	10
XXVII	1677	Mai 6	0	47	10	7	26	49	10	79	3	15
XXVIII	1678	Aug. 26	14	13	0	5	11	40	0	3	4	20
XXIX	1680	Dec. 18	0	15	0	9	2	2	0	60	56	0
		Dec. 17	23	19	0	9	2	2	0	61	6	48
		Dec. 17	20	48	0	9	2	59	9	58	39	50
		Dec. 18	0	4	0	9	1	53	0	61	20	20
		Dec. 18	0	10	22	9	1	57	13	61	22	55
8	1682	Sept. 14	7	49	0	1	21	16	30	17	56	0
		Sept. 14	21	31	0	1	20	48	0	17	42	0
XXX	1683	Jul. 13	2	59	0	5	23	23	0	83	11	0
XXXI	1684	Jun. 8	10	26	0	8	28	15	0	65	48	40
XXXII	1686	Sept. 16	14	43	0	11	20	34	40	31	21	40
XXXIII	1689	Dec. 1	15	5	0	10	23	45	20	69	17	0
XXXIV	1698	Oct. 18	17	7	0	8	27	44	15	11	46	0
XXXV	1699	Jan. 13	8	32	0	10	21	45	35	69	20	0
XXXVI	1702	März 13	14	22	0	6	9	25	15	4	30	0
XXXVII	1706	Jan. 30	4	32	0	0	13	11	40	55	14	10
		Jan. 30	5	6	0	0	13	11	23	55	14	5
XXXVIII	1707	Dec. 11	23	39	0	1	22	46	35	88	36	0
		Dec. 11	23	52	47	1	22	50	29	88	37	40
		. . .	.	.	.	1	22	8	0	88	50	0
XXXIX	1718	Jan. 14	23	48	0	4	8	43	0	30	20	0
		Jan. 15	1	24	36	4	7	55	20	31	12	53
		Jan. 15	7	48	0	4	8	21	0	30	48	30
XL	1723	Sept. 27	16	20	0	0	14	16	0	49	59	0
		Sept. 27	16	10	0	0	14	14	16	49	59	0
XLI	1729	Jun. 23	6	45	22	10	10	35	15	77	1	58
		Jun. 25	11	16	0	10	10	32	37	76	58	4
		Jun. 22	23	54	20	10	10	16	46	76	42	45
		Jun. 22	10	52	14	10	10	51	43	77	18	54
		Jun. 25	9	21	0	10	10	32	55	77	1	0
XLII	1737	Jan. 30	8	30	0	7	16	22	0	18	20	45
XLIII	1739	Jun. 17	11	7	0	6	27	18	0	55	53	0
		Jun. 20	9	24	0	6	25	18	0	53	25	0
		Jun. 17	10	9	0	6	27	25	14	55	42	44

[Handwritten annotations at top:]
9ᵉ 13" 41' | 0,5926³ | R. | Bu. n Ladt | Kom. Df ... 1811.
8 n 36³₉ | 0,8670 | D | Daussy | Con. d. t. 1812.

aller bisher berechneten Cometen.

Länge des Sonnennähepuncts z ° ′ ″	Kleinster Abstand von der Sonne	Logarithme des kleinsten Abstandes	Logarithme der täglich mittlern Bewegung	Richtung des Laufs	Nahme des Berechners
2 11 54 30	0, 10649	9, 027309	1, 419164	R.	Halley
1 16 59 30	0, 69739	9, 843476	0, 194914	D.	Halley
4 17 37 5	0, 28059	9, 448072	0, 788070	R.	Halley
10 27 46 0	1, 23802	0, 092727	9, 821037	D.	Douwes
8 22 39 30	0, 006125	7, 787106	3, 279469	D.	Halley
8 22 44 25	0, 0061700	7, 790285	3, 274701	D.	Halley
8 23 26 48	0, 006564525	7, 817202	3, 234325	D.	Euler
8 23 43 0	9, 005920	7, 7723	3, 301678	D.	Newton
8 22 40 10	0, 0060297	7, 780295	3, 289686	D.	Pingré
10 2 52 45	0, 58328	9, 765877	0, 311312	R.	Halley
10 1 36 0	0, 58250	9, 765296	0, 312184	R.	Halley
2 25 29 30	0, 56020	9, 748343	0, 337614	R.	Halley
7 28 52 0	0, 96015	9, 982339	9, 986620	D.	Halley
2 17 0 30	0, 32500	9, 511883	0, 692304	D.	Halley
8 23 44 45	0, 016889	8, 227604	2, 618722	R.	Pingré
9 0 51 15	0, 69129	9, 839660	0, 200638	R.	Halley
7 2 31 6	0, 74400	9, 871570	0, 152773	R.	la Caille
4 18 41 3	0, 64590	9, 810165	0, 244881	D.	la Caille
2 12 29 10	0, 42581	9, 629218	0, 516301	D.	Struyck
2 13 36 25	0, 426865	9, 630291	0, 514692	D.	la Caille
2 19 54 56	0, 85974	9, 934368	0, 058576	D.	Struyck
2 19 58 9	0, 85904	9, 934013	0, 059109	D.	Houttuyn
2 17 4 0	0, 86350	9, 936262	0, 055735	D.	la Caille
4 1 30 0	1, 02655	0, 011380	9, 943058	R.	Douwes
4 1 26 36	1, 02565	0, 010999	9, 943629	R.	Whifton
4 1 3 40	1, 02743	0, 011753	9, 942499	R.	Bradley
1 12 52 20	0, 99865	9, 999414	9, 961007	R.	Struyck
1 12 15 20	0, 96980	9, 986682	9, 980105	R.	Douwes
10 22 16 54	4, 06980	0, 609573	9, 045769	D.	Douwes
10 22 40 0	4, 26140	0, 629552	9, 015800	D.	la Caille
10 27 21 38	4, 16927	0, 620060	9, 030038	D.	Maraldi
10 16 26 48	3, 94927	0, 596517	9, 065353	D.	Kies
10 22 37 3	4, 08165	0, 610835	9, 043876	D.	De l'Isle
10 25 55 0	0, 22282	9, 347960	0, 938188	D.	Bradley
3 12 34 0	0, 67160	9, 827111	0, 219462	R.	Zanotti
3 5 11 0	0, 69614	9, 842697	0, 196083	R.	Zanotti
3 12 38 40	0, 67358	9, 828389	0, 217546	R.	la Caille

VI. Tafel. Bestimmungsstücke der Bahn

Ordnung der Cometen	Zeit der Sonnen-Nähe					Länge des aufsteigenden Knotens				Neigung der Bahn		
	Jahr	Tag	St.	M.	S.	Z.	°	′	″	°	′	″
XLIV	1742	Febr. 8	4	30	30	6	5	34	45	67	4	11
		Febr. 8	4	18	0	6	5	32	57½			
		Febr. 8	4	48	0	6	5	38	29	66	59	14
		Febr. 8	7	40	0	6	5	42	41	66	52	4
		Febr. 1	22	2	0	6	16	8	55	56	35	7
		Febr. 7	4	24	0	6	9	32	7	61	43	44
		Febr. 7	10	49	0	6	9	32	7	61	43	44
		Febr. 7	22	0	0	6	5	47	22	68	14	0
		Febr. 8	5	28	0	6	5	29	28	67	11	9
		Febr. 8	7	22	0	6	5	41	32	66	51	0
		Febr. 8	15	1	0	6	5	9	30	67	31	40
XLV	1743	Jan. 10	21	24	57	2	8	10	48	2	15	50
		Jan. 10	20	35	0	2	8	21	15	2	19	33
XLVI	1743	Sept. 20	21	26	0	0	5	16	25	45	48	21
XLVII	1744	März 1	8	26	20	1	15	45	20	47	8	36
		März 1	8	24	0	1	15	46	52	47	3	35
		März 1	8	13	0	1	15	46	11	47	5	18
		März 1	8	8	0	1	15	51	0	47	18	0
		März 1	9	8	0	1	16	5	24	47	49	53
		März 1	8	2	0	1	15	46	6	47	10	53
		März 1	0	14	0	1	17	41	0	50	11	0
		März 1	8	3	3	1	15	47	53	47	8	29
		März 1	7	51	30	1	15	49	27	47	17	38
		März 1	9	6	40	1	15	49	30	47	14	10
		März 1	8	0	0	1	16	3	0	47	50	0
XLVIII	1747	Febr. 28	11	54	19	4	26	58	27	77	56	55
		März 3	10	7	40	4	27	18	42	79	6	45
		März 3	7	20	0	4	27	18	50	79	6	20
XLIX	1748	April 28	19	34	45	7	22	52	16	85	26	57
		April 29	0	34	24	7	22	45	46	85	35	17
		April 28	18	53	30	7	22	51	50	85	28	23
L	1748	Jun. 18	1	33	0	1	4	39	43	56	59	3
LI	1757	Oct. 21	8	4	0	7	4	12	50	12	50	0
		Oct. 21	9	42	0	7	4	5	50	12	39	6
		Oct. 21	9	56	0	7	4	4	0	12	48	0
		Oct. 21	9	23	0	7	4	7	11	12	41	17
LII	1758	Jun. 11	3	27	0	7	20	50	0	68	19	0

aller bisher berechneten Cometen.

Länge des Sonnennähepuncts				Kleinster Abstand von der Sonne	Logarithme des kleinsten Abstandes	Logarithme der täglich mittlern Bewegung	Richtung des Laufs	Nahme des Berechners
Z	°	′	″					
7	7	33	44	0,76555½	9,883976	0,134164	R.	Struyck
7	7	32	7⅖	0,76550	9,883945	0,134211	R.	l. Monnier
7	7	35	13	0,76568	9,884048	0,134058	R.	la Caille
7	7	39	10	0,76530	9,883832	0,134380	R.	Zanotti
7	16	41	50	0,7376636	9,867858	0,158341	R.	Euler
7	10	49	23	0,75210	9,876276	0,145714	R.	Euler
7	10	49	23	0,75210	9,876224	0,145792	R.	Euler
7	7	33	28	0,76890	9,885870	0,131323	R.	Wright
7	7	26	23	0,76620	9,884342	0,133615	R.	Klinkenberg
7	7	37	50	0,76545	9,883917	0,134253	R.	Houttuyn
7	6	39	20	0,77005½	9,886523	0,130344	R.	Barker
3	2	58	4	0,83811½	9,923303	0,075172	D.	Struyck
3	2	41	45	0,83501	9,921691	0,077593	D.	la Caille
8	6	33	52	0,52157	9,717310	0,384159	R.	Klinkenb.
6	17	12	55	0,22206	9,346472	0,940420	D.	Betts
6	17	5	49	0,21322	9,348733	0,937029	D.	Maraldi
6	17	10	0	0,22250	9,347325	0,939141	D.	la Caille
6	17	17	30	0,22156	9,345491	0,941892	D.	Zanotti
6	17	19	26	0,22192	9,346196	0,940834	D.	Chéseaux
6	17	11	58	0,22222	9,346783	0,939954	D.	Euler
6	17	20	0	0,22424	9,350713	0,934058	D.	Euler
6	17	13	4	0,222229	9,346801	0,939927	D.	Pingré
6	17	14	36	0,22200	9,346353	0,940599	D.	Klinkenb.
6	17	16	16	0,221756	9,345875	0,941316	D.	Hiörter
6	17	29		0,22040	9,343212	0,945310	D.	Cassini
9	10	5	41	2,29388	0,360572	9,419272	R.	Chéseaux
9	7	2	5	2,19859	0,342144	9,446912	R.	Maraldi
9	7	2	0	2,19851	0,342146	9,446936	R.	la Caille
7	5	0	50	0,84066½	9,924622	0,073194	R.	Maraldi
7	4	38	40	0,84150	9,925054	0,082547	R.	l. Monnier
7	5	23	49	0,84040	9,924486	0,073399	R.	Klinkenb.
9	6	9	24	0,65525⅛	9,816407	0,235513	D.	Struyck
4	2	58	0	0,337542	9,528328	0,667636	D.	Bradley
4	2	39	0	0,33907	9,530288	0,664696	D.	la Caille
4	2	49	0	0,33797	9,528875	0,666816	D.	Pingré
4	2	36	29	0,33932	9,530610	0,664213	D.	De Ratte
8	27	38	0	0,21535	9,333148	0,960406	D.	Pingré

VI. Tafel. Bestimmungsstücke der Bahn

Ordnung der Cometen	Zeit der Sonnen-Nähe					Länge des aufsteigenden Knotens				Neigung der Bahn		
	Jahr	Tag	St.	M.	S	Z.	°	′	″	°	′	″
8	1759	März 12	13	33	0	1	23	48	0	17	38	0
		März 12	13	59	24	1	23	45	35	17	40	14
		März 12	12	57	36	1	23	49	21	17	35	20
		März 12	13	30	0	1	23	49	0	17	38	0
		März 12	13	41	0	1	23	49	0	17	39	0
		März 12	13	7	35	1	23	45	35	17	40	5
		März 13	10	11	31½	1	24	7	20½	17	28	55
		März 12	13	22	0	1	23	44	55	17	41	20
LIII	1759	Nov. 27	0	11	57	4	19	39	41	79	6	38
		Nov. 27	2	28	20	4	19	39	24	78	59	22
		Nov. 27	0	43	19	4	19	40	15	79	3	19
LIV	1759	Dec. 16	21	13	0	2	19	50	45	4	51	32
		Dec. 16	12	58	12	2	19	20	24	4	42	10
LV	1762	Mai 29	0	27	48	11	18	55	31	85	22	21
		Mai 28	15	27	0	11	19	20	0	84	45	0
		Mai 29	1	57	0	11	18	57	44	85	12	20
		Mai 28	2	1	55	11	18	35	24	85	40	10
		Mai 28	7	0	49	11	19	2	22	85	35	2
LVI	1763	Nov. 1	19	2	58	11	26	23	26	74	40	40
		Nov. 1	20	50	19	11	26	29	29	72	39	29
LVII	1764	Febr. 12	13	51	36	4	0	4	33	52	53	31
		Febr. 12	10	29	0	3	29	20	6	53	54	19
		Febr. 12	13	39	57	4	0	7	33	52	46	39
LVIII	1766	Febr. 17	8	50	0	8	4	10	50	40	50	20
LIX	1766	Apr. 22	20	55	40	2	14	22	50	11	8	4
		Apr. 17	0	26	13	1	17	22	19	8	18	45
		Apr. 16	17	30	0	1	17	5	0	8	20	0
LX	1769	Oct. 7	12	30	0	5	25	0	43	40	37	33
		Oct. 7	12	26	17	5	25	2	25	40	42	38
		Oct. 7	13	13	8	5	25	3	18	40	46	32
		Oct. 7	13	58	36	5	25	6	33	40	48	49
		Oct. 7	13	58	23	5	25	3	27	40	41	13
		Oct. 7	12	12	41	5	25	11	13	41	1	6
		Oct. 16	9	45	18	5	19	41	11	29	40	49
		Oct. 7	14	0	14	5	25	4	47	40	40	48
		Oct. 7	11	17	0	5	24	42	0	41	28	0
		Oct. 7	17	46	0	5	25	13	40	40	42	30

aller bisher berechneten Cometen.

Länge des Sonnennähepuncts				Kleinſter Abſtand von der Sonne	Logarithme des kleinſten Abſtandes	Logarithme der täglich mittlern Bewegnng	Richtung des Laufs	Nahme des Berechners
Z.	°	′	″					
10	3	14	0	0, 583553	9, 766080	0, 311008	R.	Meſſier
10	3	8	10	0. 58490	9. 767085	0, 309501	R.	la Lande
10	3	16	20	0, 58360	9, 766115	0, 310956	R.	Maraldi
10	3	15	30	0, 58380	9, 766264	0, 319732	R.	la Caille
10	3	16	0	0, 58349	9, 766039	0, 311070	R.	la Caille
10	3	19	18	0, 5829726	9, 76650	0, 311653	R.	Klinkenb
10	1	0	24	0. 597075	9, 776029	0, 296085	R.	Klinkenb
10	3	23	0	0, 58234	9, 765176	0, 312364	R.	Bailly
1	23	34	19	0, 80139	9. 903844	0, 104362	D.	Pingré
1	23	24	20	0, 79851	9, 902280	0, 106708	D.	la Caille
1	23	38	4	0. 8021	9, 904218	0, 103801	D.	Chappe
4	18	24	35	0, 96599	9, 984972	9, 982670	R.	la Caille
4	19	3	52	0, 96180	9, 983064	9, 991532	R.	Chappe
3	15	22	23	1, 01415	0, 006102	9, 950975	D.	Maraldi
3	15	15	0	1, 0124	0, 00538	9, 952058	D.	la Lande
3	15	24	0	1, 01065	0, 004600	9, 953228	D.	Bailly
3	13	42	38	1, 0068601	0, 0029691	9, 955675	D.	Klinkenb
3	14	29	46	1, 009856	0, 0042594	9, 953739	D.	Struyck
2	24	51	54	0. 498767	9. 697895	0, 413286	D.	Pingré
2	25	0	48	0, 498422	9. 697597	0, 413733	D.	Pingré
0	15	14	52	0. 555116	9. 744462	0, 343435	R.	Pingré
0	16	11	48	0, 564176	9. 751415	0, 333006	R.	Pingré
0	15	26	3	0, 55670	9, 745621	0, 341697	R.	Pingré
4	23	15	25	0, 50533	9, 703570	0, 404773	R.	Pingré
8	2	17	53	0, 332745	9. 522112	0, 676960	D.	Pingré
6	26	5	13	0, 636825	9. 804020	0, 254098	D.	Pingré
6	25	15		0, 6386	9. 80523	0. 252283	D.	Pingré
4	24	5	54	0, 12376	9, 092580	1, 331258	D.	la Lande
4	24	14	22	0, 12298	9, 089434½	1, 325977	D.	Wallot
4	24	11	8	0, 12258	9, 088420	1, 327498	D.	Cassini
4	24	11	7	0, 12272	9, 088915	1, 326756	D.	Proſperin
4	24	9	24	0, 12289	9, 089516½	1, 325854	D.	Audiffrédi
4	24	32	54	0, 12100	9, 082785	1, 335951	D.	Slop
4	13	15	16	0, 15880	9, 200850	1, 158853	D.	Zanotti
4	24	7	0	0, 12307	9, 090187	1, 324848	D.	Aſclépi
4	25	46	0	0, 11640	9, 065953	1, 361199	D.	Lambert
4	24	22	0	0, 12280	9, 089198	1, 326331	D.	Widder

VI. Tafel. Beſtimmungsſtücke der Bahn

Ordnung der Cometen	Zeit der Sonnen-Nähe					Länge des aufſteigenden Knotens				Neigung der Bahn		
	Jahr	Tag	St.	M.	S.	Z.	°	′	″	°	′	″
LX	1769	Oct. 7	15	6	0	5	25	3	0	40	50	0
		Oct. 7	15	37	37	5	25	4	41	40	49	33
		Oct. 7	15	51	23	5	25	6	4	40	46	42
		Oct. 7	12	17	13	5	25	9	33	40	59	50
		Oct. 7	12	34	9	5	25	2	24	40	48	29
LXI	1770	Aug. 9	0	16	54	4	19	39	5	1	44	30
		Aug. 9	0	19	17	4	16	39	5	1	44	29
		Aug. 10	21	45	24	4	13	38	44	1	40	48
		Aug. 9	0	3	46	4	15	28	43	1	46	31
		Aug. 8	9	9	16	4	15	3	42	1	44	35
		Aug. 25	2	8	53	4	14	30	0	1	23	0
		Aug. 12	20	50	0	4	12	56	0	1	46	0
		Aug. 13	13	5	0	4	12	0	0	1	33	40
		Aug. 14	0	13	24	4	12	17	3	1	34	30
		Aug. 9	0	32	48	4	16	14	0	1	45	20
		Aug. 9	3	38	0	4	12	0	0	1	55	0
		Aug. 8	19	26	0	4	14	21	45	1	49	5
LXII	1770	Nov. 22	5	48	0	3	18	42	10	31	25	55
LXIII	1771	April 18	22	14	27	0	27	51	0	11	15	29
		April 19	0	39	31	0	27	49	37	11	16	44
LXIV	1772	Febr. 18	20	50	35	8	12	43	35	18	59	40
LXV	1773	Sept. 5	11	18	45	4	1	15	37	61	25	21
		Sept. 5	17	9	2	4	1	20	0	61	30	0
		Sept. 2	12	0	0	4	3	15	0	62	33	0
		Sept. 2	19	0	0	4	3	35	0	62	36	0
		Sept. 5	5	5	43	4	1	10	26	61	19	7
		Sept. 5	5	55	0	4	1	12	11	61	20	57
		Sept. 5	11	29	54	4	1	13	4	61	18	22
		Sept. 5	14	11	11	4	1	8	20	61	15	11
		Sept. 5	9	12	1	4	1	4	49	61	13	19
LXVI	1774	Aug. 14	4	20	0	6	0	57	26	82	47	40
		Aug. 14	17	56	0	6	0	50	13	82	48	38
		Aug. 15	5	17	0	6	1	22	0	82	21	0
		Aug. 15	10	55	35	6	0	49	48	83	0	25
		Aug. 14	12			6	0	54		82	48	
		Sept. 17	13			6	3	32		83	30	
		. . . . . .				6	1	54	22	77	49	41

aller bisher berechneten Cometen.

Länge des Sonnennähepuncts	Kleinster Abstand von der Sonne	Logarithme des kleinsten Abstandes	Logarithme der täglich mittlern Bewegung	Richtung des Laufs	Nahme des Berechners
Z. ° ′ ″					
4 24 16 0	0, 12264	9, 088632	1, 327180	D.	Euler
4 24 10 51	0, 12269	9, 088809	1, 326915	D.	Lexell
4 24 15 53	0, 122744	9, 089002	1, 321625	D.	Pingré
4 24 38 57	0, 1203975	9, 0806174	1, 3392022	D.	Pingré
4 24 11 8	0, 1232852	9, 0909110	1, 323662	D.	Pingré
11 25 27 16	0, 636878	9, 804056	0, 254044	D.	Pingré
11 26 7 16	0, 629587	9, 799056	0, 271544	D.	Pingré
11 25 4 36	0, 657995	9, 818222	0, 232795	D.	Pingré
11 26 6 40	0, 62955	9, 799030	0, 261573	D.	Prosperin
11 22 51 22	0, 64456	9, 809263	0, 246229	D.	Prosper.
0 7 13 46	0, 71717	9, 855622	0, 176695	D.	Prosper.
11 29 45 0	0, 64946	9, 812552	0, 241300	D.	Widder
11 26 16 26	0, 674381	9, 828906	0, 216769	D.	Lexell
11 26 26 13	0, 676893	9, 830520	0, 214348	D.	Pingré
11 26 12 50	0, 62872	9, 798457	0, 262443	D.	Slop
11 25 57 0	0, 63100	9, 800029	0, 260085	D.	Lambert
11 26 19 28	0, 627575	9, 797666	0, 263629	D.	Rittenhouse
6 28 22 44	0, 52824	9, 722833	0, 375879	R.	Pingré
3 13 28 13	0, 90576	9, 957013	0, 024609	D.	Pingré
3 13 48 21	0, 901878	9, 955148	0, 028606	D.	Prosper.
3 18 6 22	1, 01814	0, 007807	9, 948418	D.	la Lande
2 15 35 43	1, 1339	0, 054576	9, 878264	D.	Pingré
2 16 10 26	1, 14016	0, 056965	9, 874681	D.	Pingré
2 21 40 0	1, 238	0, 092721	9, 821047	D.	Lambert
2 20 43 0	1, 2155	0, 084755	9, 832996	D.	Schulze
2 15 9 17	1, 1248650	0, 0511004	9, 883478	D.	Lexell
2 15 15 50	1, 1300948	0, 053115	9, 880456	D.	Lexell
2 15 28 17	1, 1332313	0, 054318	9, 878651	D.	Lexell
2 15 17 0	1, 1296937	0, 052961	9, 880687	D.	Lexell
2 14 57 41	1, 12531	0, 051272	9, 883220	D.	Pingré
10 16 27 57	1, 42528	0, 153900	9, 729278	D.	de Saron
10 16 48 24	1, 42528	0, 153900	9, 729278	D.	de Saron
10 17 26 0	1, 426005	0, 154121	9, 728947	D.	Boscovich
10 17 22 4	1, 429	0, 154906	9, 727769	D.	Méchain
10 16 38	1, 425	0, 153815	9, 729406	D.	duSejour
11 13 19	1, 457	0, 163460	9, 714938	D.	Bode
. . .	. . .	. . .	. . .	D.	Schulze

VI. Tafel Bestimmungsstücke der Bahn

Ordnung der Cometen	Zeit der Sonnen-Nähe					Länge des aufsteigenden Knotens				Neigung der Bahn		
	Jahr	Tag	St.	M.	S.	Z	°	′	″	°	′	″
LXVII	1779	Jan. 4	2	20	30	0	25	3	1	32	26	14
		Jan. 4	2	12	0	0	25	5	57	32	24	0
		Jan. 4	2	24	30	0	25	3	57	32	25	30
		Jan. 4	2	54	20	0	25	4	19	32	24	44
		Jan. 4	2	29	0	0	25	5	0	32	24	0
		Jan. 3	18	18	30	0	25	2	55	32	41	32
		Jan. 4	2	29	1	0	25	7	9	32	18	24
		. . .	. .	. .	.	0	25	9	20	32	15	6
		Jan. 4	4	21	23	0	25	8	23	32	16	56
		Jan. 4	2	13	41	0	25	4	10	32	30	57
		Jan. 6	16	16		0	16	51		45	20	
		Jan. 4	3	24		0	23	40		32	43	
		Jan. 17	9	48		0	18	21	25	33	56	58
		Jan. 4	2	40	40	0	24	57	18	32	31	7
		. . .	. .	. .	.	0	22	5	9	41	6	35
LXVIII	1780	Sept. 30	20	16	22	4	4	0	0	53	56	28
		Sept. 30	16	8	24	4	4	30	0	53	15	20
		Sept. 30	7	29	51	4	5	30	0	51	56	33
		Sept. 30	18	12	50	4	4	9	19	53	48	15
LXIX	1780	Nov. 23	19			1	48			84	15	
LXX	1781	Jul. 7	4	41	20	2	23	8	38	81	43	26
LXXI	1781	Nov. 29	12	41	46	2	17	22	52	27	13	8
		Nov. 29	12	42	46	2	17	22	55	27	12	4
LXXII	1783	Nov. 15	5	53	23	1	24	13	50	53	9	9
		Nov. 15	5	53	30	1	24	14	0	53	9	0
		Nov. 13	6	13	0	1	24	10	10	54	9	53
		Nov. 20	9	26	0	1	24	10	45	52	19	57
		Oct. 23				1	24	26	51	56	46	28
LXXIII	1784	Jan. 21	4	56	47	1	26	49	21	51	9	12
		Jan. 21	4	48	0	1	26	44	2	51	15	1
LXXIV	1784	Apr. 9	21	16	46	2	26	52	9	47	55	10
LXXV	1785	Jan. 27	7	58	4	8	24	12	15	70	14	12
LXXVI	1785	Apr. 8	11	29	0	2	4	44	40	87	7	0
LXXVII	1786	Jul. 7	22	0	12	6	14	22	40	50	54	28
		Jul. 8	13	44	22	6	15	23	32	50	58	33
LXXVIII	1787	Mai 10	19	58	0	3	16	51	35	48	15	51
LXXIX	1788	Nov. 10	7	35	0	5	7	10	38	12	28	20

aller bisher berechneten Cometen.

Länge des Sonnennähepuncts Z. ° ' "	Kleinster Abstand von der Sonne	Logarithme des kleinsten Abstandes	Logarithme der täglich mittlern Bewegung	Richtung des Laufs	Nahme des Berechners
2 27 14 0	0, 713218	9, 853222	0, 178295	D.	de Saron
2 27 13 11	0, 713127	9, 853167	0, 180378	D.	Méchain
2 27 13 40	0, 713187	9, 853203	0, 180324	D.	d'Angos
2 27 12 55	0, 712946	9, 853057	0, 180543	D.	Reggio
2 27 16 0	0, 7137	9, 853516	0, 179854	D.	Oriani
2 26 52 29	0, 710904	9, 852811	0, 180912	D.	Oriani
2 27 14 19	0, 713218	9, 853220	0, 178292	D.	Prosperin
2 27 18 22	0, 713688	9, 853508	0, 179866	D.	Prosper.
2 27 18 44	0, 713623	9, 853469	0, 179925	D.	Prosper.
2 27 14 27	0, 713158	9, 853186	0, 180349	D.	de Zach
2 26 55	0, 709	9, 85065	0, 18415	D.	Bode
2 26 33	0, 7130	9, 85309	0, 180493	D.	Olbers
2 15 9 42	0, 277362	9, 443031	0, 795582	D.	de Pacass
2 27 9 40	0, 713115	9, 853160	0, 180388	D.	d. Pacas
. . .	. . .	. . .	. . .	D.	Schulz
8 6 30 14	0, 0978073	8, 9903713	1, 4745714	R.	Lexell
8 6 19 21	0, 1004677	9, 0020265	1, 4570886	R.	Lexell
8 5 54 55	0, 1061271	9, 0258264	1, 4213887	R.	Lexell
8 6 21 18	0, 0992556	8, 996755	1, 464996	R.	Méchain
2 5 7	0, 336	9, 526	0, 671	D.	Boscov.
7 29 11 25	0, 775861	9, 889784	1, 125452	D.	Méchain
0 16 3 28	0, 961013	9, 9827293	9, 9860344	R.	Méchain
0 16 3 7	0, 9609951	9, 9827212	9, 9860465	R.	Méchain
1 15 24 46	1, 5653	0, 1945976	9, 668232	D.	Méchain
1 15 25 0	1, 56533	0, 194606	9, 668220	D.	Méchain
1 13 58 47	1, 56738	0, 195175	9, 667366	D.	{ Méch. u. Saron
1 19 4 30	1, 57718	0, 197881	9, 663307	D.	
0 27 44 56	1, 47189	0, 167876	9, 708314	D.	Méchain
2 20 44 24	0, 707858	9, 849946	0, 185209	R.	Méchain
2 20 39 22	0, 70816	9, 8501314	0, 184931	R.	d'Angos
10 28 54 57	0, 650531	9, 8132683	0, 2402361	R.	Méchain
3 19 51 56	1, 143398	0, 058975	9, 8728320	D.	de Saron
9 27 34 30	0, 427587	9, 631024	0, 513592	R.	Méchain
9 25 36 0	0, 4010	9, 612889	0, 540795	D.	Reggio
8 38 30 0	0, 39424	9, 5957626	0, 566484	D.	Saron
0 7 44 9	0, 34891	9, 542714	0, 646057	R.	Méchain
3 9 8 27	1, 063012	0, 0265381	9, 920321	R.	Méchain

807. nach Bessel: ξ prents: 0,99548781. Halbe
eine Fortsetzung dieser Tafel bis 1810

VI. Tafel. Beſtimmungsſtücke der Bahn

Ordnung der Cometen	Zeit der Sonnen-Nähe				Länge des aufſteigenden Knotens				Neigung der Bahn		
	Jahr	Tag	St. M. S.		Z.	°	′	″	°	′	″
LXXIX	1788	Nov. 10	7 34 47		5	6	56	43	12	27	40
LXXX	1788	Nov. 20	9 13 45		11	21	42	15	64	52	32
		Nov. 20	7 25 00		11	22	24	26	64	30	24
LXXXI	1790	Jan. 15	5 15 0		5	26	11	46	31	54	15
LXXXII	1790	Jan. 28	7 45 30		8	27	8	37	56	58	13
LXXXIII	1790	Mai 21	5 36 15		1	3	11	2	63	52	27
		Mai 20	11 30 0		1	5	14	0	63	35	0
LXXXIV	1792	Jan. 13	13 44 13		6	10	46	15	39	46	55
		Jan. 13	12 59 56		6	10	42	9	39	45	47
		Jan. 14			6	11	28		41	38	
		Jan. 13	3 44 5		6	10	46	53	39	46	55
		Jan. 15	6 9 0		6	11	55	0	41	5	0
LXXXV	1792	Dec. 27	4 55 0		9	13	17	36	49	0	24
		Dec. 27	7 56 27		9	13	14	44	49	7	13
		Dec. 27	6 14 41		9	13	15	17	49	1	45
		Dec. 27	6 45		9	13	16		42	2	
LXXXVI	1793	Nov. 4	20 21 0		3	18	29	0	60	21	0
LXXXVII	1793	Nov. 18	15 38 0		0	2	20	0	51	56	0
LXXXVIII	1795	Dec. 15	8 19 50		11	23	14	0	22	10	0
		Dec. 15	0 15 33		11	29	11	45	24	16	45
		Dec. 14	19 9 50		0	1	6	50	24	42	27
		Dec. 15	4								
LXXXIX	1796	Apr. 2	19 55 6		0	17	2	16	64	54	33
XC.	1797	Jul. 9.	2 40 31		10	29	15	37	50	40	34
XCI.	1798	Apr. 4.	11 41 42		4	2	9	0	43	52	16
XCII	1798	Dec. 31.	22 5 15		8	9	30	2	42	14	52
XCIII	1799	Sept. 7.	5 13 25		3	9	27	19	50	57	30
XCIV.	1799	Dec. 25.	2 40 10		10	26	49	11	77	1	38
XCV.	1801	Aug. 8.	13 32			14			3		20
(Mon. Cor.)	1801	Sept. 5.	13 6		Aſt. Jach.			5	37	0	
XCVI.	1802	Dec. 9.	6 43		11	10	16	40	57	0	
XCVII.	1804	Jan. 13.	13 50 24		5	26	47	58	56	2	40
XCVIII	1805	Nov. 18.	13 74 2		11	14	37	19	15	36	36
XCIX	1805	Dec. 31.	2 6 35		8	10	37	42	16	30	24
C	1806	Dec. 28.	9 19 49		10	22	18	37	35	4	

große Axe 143, 195. Umlauf 1713, 5 Jahre.
v. a. Lindenau S. Mon. Corr. XXVI. B. 5.

aller bisher--berechneten Cometen.

Länge des Sonnennähepuncts				Kleinster Abstand von der Sonne.	Logarithme des kleinsten Abstandes	Logarithme der täglich mittlern Bewegung	Richtung des Laufs	Nahme des Berechners
Z.	°	′	″					
3	9	8	7	1,063012	0,0265381	9,9203211	R.	Méchain
0	23	12	22	0,766911	9,8859885	0,1311456	D.	Méchain
0	22	49	54	0,7573135	9,8792757	0,1412148	D.	Méchain
2	0	14	32	0,7530975	9,879725	0,140541	R.	de Saron
3	21	44	37	1,063286	0,0266503	9,920153	D.	Méchain
9	3	43	27	0,79796	9,9019814	0,1071562	R.	Méchain
9	4	57	20	0,791005	9,8981795	0,1128591	R.	Englefield
1	6	29	42	1,2930235	0,1116064	9,7927187	R.	Méchain
1	6	20	32	1,0471048	0,1114563	9,7928439	R.	v. Zach
1	4	56		1,308	0,1166	9,7852	R.	Bode
1	6	30	20	1,2930235	0,1121638	9,7918826	R.	Méchain
1	4	43	0	1,2918	0,1111953	9,7933353	R.	Englefield
4	16	5	33	0,965812	9,9848926	9,9827894	R.	Méchain
4	15	52	35	0,9668295	9,9853499	9,9821035	R.	Piazzi
4	15	59	24	0,966287	9,9851062	9,9824690	R.	Prosper.
4	15	57		0,9663	9,985112	9,982460	R.	de Saron
7	18	42	0	0,4034	9,605736	0,551524	R.	de Saron
2	11	0	0	1,5045	0,177392	9,694040	D.	de Saron
5	10	29	0	0,24379	9,387016	0,879604	D.	Olbers
5	13	36	40	0,22662	9,355298	0,927181	D.	v. Zach
5	15	34	24	0,2150585	9,3325566	0,961293	D.	Prosper.
5	21			0,21205			D.	Bode
6	12	44	13	1,57816	0,198151	9,662902	R.	Olbers
1	19	27	8	0,5266	....	....	R.	Olbers

Wir bemerken hier noch, dass die Zeiten des Durchgangs durch die Sonnennähe mittlere Zeiten unter Pariser Meridian sind.

3	14	59	0	0,484758			D.	Olbers
1	3	35	5		9,989186	....	R.	Olbers
0	3	39	10	0,840178	9,924371	0,073574	R.	v. Zach
6	10	20	12	0,625			R.	
6	3	49		0,267			R.	Méchain
11	3	27	45	1,042046	0,039095	....	R.	Burck.
4	28	44	51	1,071160	0,048575	....	R.	Gauss
4	27	51	28	0,3786	9,578201		D.	Bessel
3	19	4	55	0,8920	9,45037	9,908	D.	Bessel

I. 837. Nach chinesischen Beobachtungen, die *Gaubil* bekannt gemacht hat. Man findet alles über diesen Cometen bekannte gesammelt beym *Pingré Cométogr. I. p. 340.*

II. 1066. Man s. *Pingré Cométogr. I. p. 373 sqq.*

III. 1231. Ebenfalls nach chinesischen Beobachtungen, *l. c. p. 401.*

IV. 1264. *Dunthorn* nach den Beobachtungen eines Manuscripts der Bibliothek zu Cambridge, dessen Titel *Tractatus fratris Aegidii (frères Gilles) de Cometis*. *Phil. Trans. Vol. 47. p. 281.* Pingré nach dem ausdrückl. Zeugniss des *Thierri de Vaucouleurs*, das durch die chines. Beobachtungen bestätigt wird. — Beyde stimmen aber darinn überein, ihn für den Cometen von 1536 zu halten. *Pingré Cométogr. I. p. 406.*

V. 1299. Nach 2 europäis. und 1 chines. Beob. NB. die europäis. Beobacht. vom Ende des Jan. lässt sich aber nicht mit diesen 3 vereinigen, wo die Länge des Cometen ♉ 18° die Breite über 30° südl. seyn soll. *Pingré Cométogr. I. p. 418.*

VI. 1300. Nach chinesis. und englis. Beobacht.; die leztern hat *Dunthorn* in *Phil. Trans. Vol. 47 p. 281* zuerst bekannt gemacht. Sie sind aber sehr schlecht, so dass *Pingré* von ihnen sagt; *"Je puis répéter que leurs observations n'ont été rétirées de l'oubli que pour donner la torture aux calculateurs trop zélés."* *Pingré Cométogr. I. p. 420.*

VII. 1337. *Halley* nach den schlechten Beobachtungen von *Grégoras*, *Pingré* nach den chines. Beobacht. Halleys Elemente weichen um 20° von den chines. Beob. ab; die neuen Elemente von *Pingré* aber stellen auch die Beobacht. des Gregoras ziemlich gut dar. V. *Pingré Cométogr. I. p. 429.*

VIII. 1456. Der berühmte Halleyische Comet, dessen Periode ohngefähr 77 Jahr. Er kam der Erde damals sehr nahe, war selbst im Perihelio zu sehen; daher er sehr gross und auch sein Schweif auf 60° betrug. Man findet alle Stellen über diesen Cometen gesammelt und discutirt beym *Pingré Cométogr. I. p. 459.*

IX. 1472. Nach Regiomontan's Beobacht. der ein eigen Werk *de Cometa 1472* edirt hat. Sie stehen auch beym *Pingré I. p. 471.* mit Verbesser. mehrerer Druckfehler, z. E. für *Spica* ist *Arcturus* zu lesen.

S. 1531.

8. 1531. 2te beobachtete Erscheinung des Halleyischen Cometen. Halley berechnete seine Elemente nach *Appians* Beobacht. (*Astronomicum cae-sareum P. II. c. I.*) die er aber vorher besser reducirte. So hat sie *Pingré* abgedruckt. *I. p. 488.*

X. 1532. Ward von *Appian* (*Astr. Caesareum loco citato.*) *Fracastor* (*Homocentrica 1621 sect. 3. cap. XXIII. & fragmenta edit. Pat. 1732 p. 42*) und *Vogelin* (*significatio Cometae anni 1532*) beobachtet. Halley hat seine Elemente vorzüglich nach Appians Beobacht. berechnet, welches auch die besten unter den übrigen sind, wie die neuern Untersuchungen gezeigt haben. Da man nämlich nach Halley's Vermuthung diesen Cometen mit dem von 1661 identisch hielt und daher 1789 zurück erwartete; so hat nicht nur Herr *Pingré Comitogr. I. p. 492 seq.* Appians Beobachtungen, sondern auch die von Vogelin von neuem sorgfältig berechnet, (bedauert aber die Zeit die er auf lez-tere verwandt hat). Auch Herr *Méchain* hat in seiner gekrönten Preisschrift sowohl diesen Cometen, als den von 1661 von neuem sorgfältig berechnet; aber nichts entscheidendes gefunden. *Mém. prés. T. X. p. 333.* Herr D. Olbers hat in Hindenburg Magazin für Mathematik 1787 p. 440 neue Elemente gesucht und durch mehrere Gründe dargethan, dass beyde Cometen höchstwahrscheinlich von einander verschieden sind. Man vergleiche noch über diese gehoffte Zurückkunft *Maskelyne in Phil. Trans. Vol. 76 p. 426, Wurm* in Bodens Jahrb. 1788 *pag. 194* und 1793 *pag. 129. Pingré Conn. d. T. 1789. p. 299.*

XI. 1533. Dieser Comet ward blos 4mal von *Appian l. c.* beobachtet; und hierauf beruhen denn doch die Elemente von *Douwes*. Die neuen Elemente des Herrn D. *Olbers* geben einen auffallenden Beweis, wie wenig man sich auf diese ältern Beobachtungen verlassen kann, wo Schreibfehler und Beobachtungsfehler so oft vorkommen. Außer diesen und einigen chinesis. Observationen hat ihn noch *Gemma Frisius* (*de naturae divinis Characterismis l. I. c. VIII*) und *Fracastor* (*Homocentrica. sect. 3 cap. XXIII*) beobachtet. *V. Pingré I. p. 496.*

4. XII. 1556. Diesen Cometen halten *Pingré* und *Dunthorn* mit den 4ten von 1264 einerley. Die Beobachter sind *Paul Fabricius* und *Gemma Frisius*. Nach des erstern Beobachtungen hat Halley vorzüglich seine Elemente berechnet, daher Pingré sich viele aber vergebene Mühe gab, die Originale der Beobachtungen zu finden: denn es existirt nur von ihnen eine kleine und ziemlich grobe Figur in *Lycosthenis prodigior. et ostentorum chronicon.* Betrachtet man die grosse Ungenauigkeit der Beobachtungen des 4. und 12. Cometen, so kann man nicht umhin, grosse Zweifel über ihre Identität zu hegen.

XIII. 1577. Die Beobachter sind *M. Moestlinus*, (*Obs.Com. aetherei T. 1578.*) *Cornelius Gemma* (*de specie et natura hujus cometae 1577*) *Tycho Brahe* (*de mundi aetheri phaenomenis. lib. II.*) Landgraf von Hessen-Cassel

S. Grynaeus. Diese Beobacht. hat Tycho sämmtl. recensirt, und den Vorzug der seinigen gezeigt, die mit bessern Instrumenten gemacht worden. Daher hat *Pingré* (*p. 543.*) blofs diese Beobacht. Tycho's abdrucken lassen, ein Abdruck, der durch die Verbesserung mehrerer Druckfehler sich noch empfiehlt. Sie verdienten wohl, dafs sie von neuem reducirt würden. — Halley's Elemente beruhen auf Tycho's Beobacht.

XIV. 1580. beobachteten *Möstlin*, *Hegesius* und *Tycho*. Diese leztern hat erst *Pingré* aus einem Mspt. *au depôt de la Marine* ausführlich bekannt gemacht (*l. p. 521*) auch *pag. 539* eine Tafel der Oerter des Cometen gegeben, die er aus diesen Beob. genau berechnet hat. Aus Mangel dieser Beob. hat Halley Möstlin's seine gebraucht; daher hat *Pingré* auch neue Elemente nach den genauern Tychonis. Beob. berechnet, wo aber doch noch Fehler von 10' bis 12' vorkommen

XV. 1582. Nach 4 Beobacht. Tycho's, die *Pingré l. c.* (*p. 544*) zuerst bekannt und berechnet gemacht hat. Die lezte dieser 4 Beobacht. giebt ein doppeltes Resultat; daher die doppelten Elemente der Bahn.

XVI. 1585. Die Elemente beruhen auf Tycho's und Rothmanns Beobacht. Sie stehen in *Tychonis Epist. p. 14. 15.*
Snellii descriptio Cometae 1618 . . accessit l. Rothmanni descriptio accurata Cometae 1585; LB. 1619. 4to.
Gesammelt in *Pingré Cometogr. I, p. 550.*

XVII. 1590. Tycho aus oberwähnten Mspt. bey *Pingré I. p. 554.*

XVIII. 1593. *la Caille* hat die Beobacht. von *Christ. Joh. Ripensis* zu Zerbst, berechnet und die Elemente der Bahn bestimmt in *Mém. de l'ac. d. sc. de Paris 1747. p. 562.* M. s. auch *Pingré I. p. 557.*

XIX. 1596. Ward beobachtet von *Santucci*, *Rothmann*, *Möstlin*; auf dieses leztern Beobachtungen beruhen wahrscheinlich Halleys Elemente. *Pingré* fand in obigem Mspt. die Beobachtungen *Tychos*, die er (*I, p. 562*) bekannt gemacht und berechnet hat. Da die Halleyischen Elemente sich über 2° von diesen Tychonis. Beob. entfernten, so hat *P.* auch neue Elemente berechnet, die auch den übrigen Beobachtungen hinlänglich Gnüge thun, die von *Santucci* ausgenommen.

8. 1607. Dies ist die 3te beobachtete Erscheinung des Halleyischen Cometen. Ward beob. von *Kepler* (*de Cometis lib. tres p. 25*) *Longomontanus* (*Astr. Danicae Appendix p. 25. seq.*) und *Malmoe*. Man vergleiche *Halley Synops. Astron. Cometicae. Phil. Trans. 1705.*
Riccioli Almagestum t. II. l. VIII. s. I. c. VIII.
Snellius descriptio Comet. 1618. c. III.
Im ersten Supplementb. zu Herrn Bodens astr. Jahrb. habe ich aus Harriotschen Mspt. bessere Beobachtungen von *Harriot* selbst, *Standish* u. *Torperley* mitgetheilt und berechnet. Cf. *Pingré Cometogr. II. p. 1.*

XIX

XX. 1618. Nach Keppler's Beob. *(l. c.)* hat *Pingré* diese Cometenbahn berechnet; er sagt selbst *on conçoit facilement que sa precision ne peut être fort grande.* ... *Pingré Cométogr. II. p. 4.*

XXI. 1618. Beobachtet von *Keppler (de Cometis libelli tres), Longomontanus (Astr. Dan. App. p. 31.) Snellius (descript. Comet. 1618) Riccioli (Almag. p. 17.)* In *Keppler* und *Riccioli* findet man fast alle gesamlet. Ich habe im I. Suppl. B. (*l. c.*) die Originalbeob. Harriots von diesen Cometen bekannt gemacht, und mit den übrigen Beobachtungen (*p. 35*) verglichen.

XXII. 1652. Ward von *Gassend, Boulliaud, Cassini, Golius* und *Hevelius (Machinae coelestis T. II. p. 26)* beobachtet: nach diesen leztern hat Halley seine Elemente gerechnet. Die meisten übrigen Beobachtungen findet man in *Courte Dissertation sur la Cumète de 1652. Padoue 1653. 4to.*

XXIII. 1661. *Hevelius Mach. Coel. II. p. 290.* Ausserdem hat man noch *Eb. Welper Cometographia cometae anni 1661. Argentinae 1661 4to,* worüber Herr Wurm in Bodens Jahrb. 1786 p. 195 zu sehen, und *Méchain Mém. présentées T. X. p. 350.* M. s. über die Zurückkunft den Comet X. 1531.

XXIV. 1664. *Huygens* in *diss. de Pierre Petit sur la nature des Cometes Paris 1665 p. 261. 4to.*
Hevelius in *prodromus cometicus*, oder *Mach. coel. II. p. 439.*
Auzout & Budt in *Anc. Mém. de Paris X. p. 451* und in *Petit dissert.*
Anonymus Hispaniensis (*Pingré* vermuthet *J. Zaragoza*) in einem Msept. der Bibliothek zu Genevieve, die abgedruckt sind in *Pingré II. p. 13-22.* Halley's Elemente gründen sich auf Hevel's Beobachtungen die vom 18. Febr. ausgenommen, die nicht durch sie dargestellt wird.

XXV. 1665. *Hevelius Mach. Coel. II. p. 458.*
Auzout et Petit in der vorher angeführten *Dissertation.*
Halley's Elemente beruhen auf Hevel's Beobachtungen.

XXVI. 1672. *Hevelius Mach. coelest. T. II. p. 593.*
Cassini Anc. Mém. de Paris X. p. 518. Richer ib. VII. I. p. 235.
Nach den erstern hat Halley seine Elemente berechnet.

XXVII. 1677. *Hevelius Mach. Coel. II. p. 792.*
Flamsteed Hist. Coel. Britt. I. p. 104.
Picard, Cassini, Roemer, Zaragossa, Phil. Trans. No. 135. p. 868. und in *Anc. Mém. d. Paris X. p. 582 sq.*

XXVIII. 1678. *La Hire in Hist. Coelest. d. M. le Monnier p. 238.* NB. Die Oerter des Cometen sind blos durch Schützung ohne Instrumente bestimmt. Sie stehen auch in *Pingré II. v. 24.*

XXIX. 1680. Kirch Neue Himmelszeitung, *Nürnb.* 1681 und daraus in *Phil. Trans. Nro. 342.*
Hevelius Annus Climatericus p. 106.
Flamsteed Hist. Coel. Britt. I. p. 104.

Newton & Pound Princ. Phil. Nat. L. III. pr. 41 probl. 21.
Doerfel Aftr. Betracht. des grofsen Cometen 1680. 5 Bogen in 4to.
Caffini & Picard Obfervations fur la Comète qui a paru 1680 — und in Monnier Hift. Cel. p. 243.

Halleys erfte parabolifchen Elemente beruhen auf Kirch, Flamfteed u. Newtons Beobachtungen, die 2ten Elemente aber find in einer Ellipfe von 575 Jahren berechnet; Eulers Elemente find in einer Ellipfe von 170 Jahr 6 Mon. berechnet; diefe Umlaufzeit ift aus den Beobacht. felbft in *Theor. Mot. plan. & Com. p. 94* beftimmt worden, da Halley hingegen die Umlaufzeit als gegeben voraus fetzte. Newtons Elemente find durch feine Conftruction beftimmt. *Princip. III. prop. 41. probl. 21.* — Pingré's Elemente geben eine Ellipfe von 15864 Jahren.

§ 1682 4te Erfcheinung des Halleyifchen Cometen.
Picard & la Hire in Hift. Cel. de Mr. le Monnier p. 265.
Hevelius Annus Climactericus p. 120.
Flamfteed Hift. Cel. Britt. T. I. p. 108.
Zimmermann
Kirch Acta Erudit.
Nach Flamfteeds Beobachtungen hat Halley feine beyden Bahnen berechnet; wovon die erfte parabolifch, die 2te elliptifch ift.

XXX. 1683. *Flamfteed Hift. Cel. Britt. I. p. 110.*
Hevelius Annus climat. p. 160.
Nach den erftern hat Halley feine Elemente berechnet.

XXXI. 1684. *Blanchini Phil. Trans. Vol. 15. Nro. 169 p. 920. Acta Erudit. 1685 p. 241.*

XXXII. 1686. *Richaud Anc. Mém. d. Paris VIII. p. 184.*
Les Jéfuites à Siam. Anc. Mém. VII. p. 337.
Arnold et Kirch Act. Erudit. a 1686. p. 565 und *Phil. Trans. Vol. 16. Nro. 186 p. 256.*
Der Comet nur 10° Bewegung, daher die Bahn zweifelhaft.

XXXIII. 1689. *Richaud Anc. Mém. de Paris VII. p. 819 fq.*
Struyck Befchriving d. Staartft. 1753 p. 45 et 46.
Diefe Beobachtungen find nichts weniger als genau, daher auch die Elemente es nicht feyn können. *M. S. Pingré II. p. 29.*

XXXIV. 1698. *La Hire Anc. Mém. de Paris X. p. 741. & Mém. 1701 p. 117.*
Die Beobachtungen könnten genauer feyn.

XXXV. 1699. *De Fontenay Mém. de Par. 1701. p. 47.*
Caffini & Maraldi l. c. p. 48.
La Caille's Elemente ftehen in feinen *Leçons d'Aftron. p. 297.*

XXXVI. 1702. *De la Hire Mém. de Par. 1702. p. 112.*
Blanchini ib. p. 118. Kirch ib. p. 121. & Mifcell. Berol. I. p. 213 et 261. auch *Acta Erudit. 1702 p. 256.*
Maraldi Mém. de Paris 1702. p. 129.
NB. *Houttuyn* hat 2 verfchiedene Bahnen gefunden; aber *la Caille's* Ele-

Elemente find vorzuziehen, weil er die Original-Beobachtungen hat
confultiren können.

XXXVII. 1706. *Caffini & Maraldi Mém. d. Par. 1706 p. 91 & 148.*
Struyck hat fie berechnet *Befchriv. d. Staartft.* 1753 p. 54.
und *Pingré II. p. 39.*
Es find mehrere Beobachtungen nicht reducirt, weil die Sterne im brittifchen Catalog fich nicht finden, womit der Comet verglichen worden ift.

XXXVIII. 1707. *Maraldi & Caffini Mém. 1707 p. 588. & 1708. p. 89.*
Manfredi & Stancari Mém. 1708. p. 323.
Die italienifche Beobachtungen vom 25. Nov. ift nach Struyck fehlerhaft; die *Afcenf. rect.* ift um 5' die *Decl.* um 10' zu vergröfsern.
Struyck's Elemente könnten demnach wohl die genaueften feyn.

XXXIX. 1718. *Kirch Phil. Trans. Vol.* 30. *Nro. 357 p.* 820 und *Vol. 32.*
Nro. 357 p. 238 auch *Mifcell. Berol. III. p. 200.*
Die Originale von Kirchs Beobachtungen wären fehr zu wünfchen,
👉 Kirch fie alle auf 10 Uhr reducirt hat.
Whifton's Elemente befinden fich in Barker's Abhandl. (p. 29) der
fie von Whifton felbft erhalten hat.

XL. 1723. *Bradley Phil. Trans. Vol.* 33. *Nr. 382. p. 41.*
Bianchini l. c. p. 51 und *Mém. d. P. 1724 p. 365.*
Maraldi Mém. d. Par. 1723 p. 250 und *1724 p. 365*, wo auch einige von P. Croffat vorkommen.
Sauderfon Phil. Trans. Vol. 34. *p. 213.*
Bradleys Elemente find vortreflich, fie entfernen fich von feinen Beobachtungen nie um 1 Min. *Philof. Transact. Vol. 33. p. 41* und auch
Struyck. Die aten Elemente mit Struyck Bradley bezeichnet, findet fich nur in den Berliner Tafeln (I. *p.* 39); bey Struyck felbft nicht, daher fie von *Pingré* verworfen worden find.

XLI. 1729. *Caffini Mém. de Paris 1729. p. 409 & 1730 p. 284.*
Maraldi Mém. de Paris 1743. p. 197.
In Rückficht der Elemente findet man die von
Douwes beym *Struyck Befchriv. d. Staartft.* pag. 58 & 59 und *Mém. d.*
Par. 1763 p. 18.
La Caille in f. *Leçons d'Aftr. p. 297.*
Maraldi Mém. de Paris 1743. p. 196.
Kies Mém. de Berlin 1745. p. 46.
De l'Isle Mém. de Paris 1746. p. 406.
Douwes Elemente verglich Struyck mit 44 Beobachtungen von Caffini und fand 52mal den Fehler auf 1' und nur 9mal über 2'. Hingegen *La Cailles* Elemente entfernten fich 81' in der Länge und
1° 15' in der Breite.

XLII. 1737. *Caffini Mém. de Paris 1737. p. 170.*
Manfredi Comment. inftitut. Bonon T. II. P. III. p. 62.

(D) 4   *Brad-*

Bradley Phil. Trans. Nro. 446. p. 111. wo auch noch mehrere andere deutſche Einſender, nähmlich *de Revilles, Keursly, Vanbrugh.*
Struyck Beſchriving d. Staartſt. 1740 p. 301.
Bradleys Elemente ſtehen *Phil. Trans. Nro. 446. p. 116.*

XLIII. p. 1739. *Zanotti Nov. Act. Erud. Lipſ.* 1740 p. 166 und *Comment. Inſtit. Bonon. t. II. p. III. p. 73.*
Daſelbſt (*p. 84.*) ſtehen auch die Elemente von *Zanotti et Matteuci*. Die darauf folgenden ſtehen *Phil. Trans. Nro. 461. p. 309* und ſind höchſt wahrſcheinlich nur die erſte Approximation: Struyck fand daſs ſie mit den Beobachtungen gar nicht ſtimmen; aber wohl *la Cailles* Elemente.

XLIV. 1742. *Caſſini Mém. de Paris 1742; p. 68.*
Maraldi l. c. p. 303. La Caille l. c. p. 315.
Pereira l. c. p. 331 und *Phil. Trans. Vol. 44. p. 264.*
Le Monnier Théorie des Comètes p. 125.
Zanotti Comment. Inſtit. Bonn. T. III. p. 229.
J. N. de l'Isle Miſcell. Berolin. T. VII. p. 22.
In Rückſicht der Elemente iſt folgendes zu bemerken:
Struyck nach Caſſini's Beobachtungen ſtimmen bey 62 Vergleichungen 45mal bis auf 1'.
le Monnier in *Hiſt. de l'ac. de ſc. d. Paris 1742 p. 83 & 84.*
la Caille Leçons d'Aſtron. p. 297.
Zanotti's Elemente entfernen ſich bis 30'' von ſeinen Beobachtungen.
Eulers erſte Elemente gründen ſich auf *de l'Isle* Beobachtungen von 11, 14; 17ten März. *Miſcell. Berol. VII. p. 88.*
Die folgenden gründen ſich auf entferntere Beobachtungen, ſ. *Euler Theoria Mot. Plan. et Comet. p. 187.*

XLV. 1743. *Zanotti Mem. de Paris 1743 p. 161* (ſind nicht ſehr genau.)
Maraldi l. c. p. 193 durch Alignemens.
Franz Phil. Trans. Nro. 470 p. 457 auch blos durch Alignemens und noch überdieſs ohne Angabe der Zeit.
Griſchow.
Wegen der nicht ſonderlich genauen Beobachtungen können es auch die Elemente nicht ſeyn; vielleicht könnten *Griſchow's* Beobachtungen etwas näheres gehen. *Struyck's* Elemente beruhen auf *Zanotti's* Beobachtungen. Eben ſo auch *la Caille's.*
NB. Bey *Griſchow* lezter Beobachtung iſt gewiſs $\omega \Omega$ ſtatt $\omega \Omega$ zu leſen, da Doppelmaier der griechiſ. Buchſtaben ſich nicht bedient hat.

XLVI. 1743. *Klinkenberg.*
Das Inſtrument war nur bis 10' genau, daher die Beobachtungen (die auch *Pingré II. p. 52* anführt) bisweilen über 1° von der Theorie ſich entfernen.

XLVII. 1744. Lord *Macclesfield & Bliſs Phil. Trans. Vol. 43 Nro. 474 p. 91.*
Maraldi Mém. de Paris 1744. p. 58.

Caſ-

Caßini l. c. p. 301.
Celßus Schwediſ. Abhandl. B. 7. p. 56.
Zanotti Comment. inſtitut. Bonon. T. III. p. 340.
Cheſeaux Mém. de Paris 1744 p. 302.
Klinkenberg Harlemer Verhandelingen

In Rückſicht der Elemente:
Betts nach *M.* und *Bliſs* Beobachtungen l. c. p. 96. Der gröſste Unterſchied von den Beobachtungen iſt 37″.
Maraldi nach ſeinen Beobachtungen l. c. p. 67 bey 6 Beobachtungen geht doch der Unterſchied bis über 2′.
La Caille Leçons d'Aſtronomie p. 297 & Mém. de Paris 1746. p. 428.
Zanotti nach ſeinen eigenen Beob. l. c. 5mal geht der Fehler über 2′
Cheſeaux nach ſeinen eigenen Beobachtungen l. c.
Euler die 1ten in *Theor. Mot. Plan. & Com.* p. 133 nach *Cheſeaux* Beob.; die 2ten nach 3 Caſſiniſ. Beob. l. c. p. 169 ſie geben eine elliptiſche Bahn von 122683 Jahren. *Act. Erudit.* 1745 p. 522.
Klinkenberg bey *Struyck Beſchriving d. Staartſt.* 1753 p. 80.
Pingré nach eben den Datis wie Eulers 2te Bahn, fand eine Ellipſe von 21508 Jahr 3 Mon.

XLVIII. 1737. *Cheſeaux* in *Struyck* und in *Pingré* II p. 57.
Maraldi Mém. de Paris 1746 p. 55.

In Rückſicht der Elemente:
Cheſeaux, l. c. der Fehler nur 4mal über 2′.
Maraldi Mém. d. P. 1748. p. 235. nur 13mal über 4′.
De la Caille Leçons d'Aſtron. p. 297.

XLIX. 1748. *Maraldi* Mém. de Paris 1748 p. 229. Die Elemente p. 232. *Hallerſtein & Gaubil* Phil. Trans. Vol. 46. p. 307 & 316. und *Obſervat. aſtronom. ab anno 1717 — 1752 Pekini factae* p. 430.
Die Elemente von *Le Monnier* und *Klinkenberg* ſind aus *Struyck*

L. 1748. *Klinkenberg* in *Struyck* p. 96 und bey *Pingré* II. p. 60.
Die 3 Beobachtungen ſind ſehr unvollkommen und ſehr nahe bey einander, daher erklärt *Pingré* die Elemente für ſehr unſicher; er zweifelt ſogar, ob ſie zur Wiedererkennung des Cometen dienen können.

LI. 1757. *Bradley* Phil. Trans. Vol. 50. p. I. p. 408.
Klinkenberg l. c. p. 433.
Die Beobachtungen von *Klinkenberg*, *Wargentin*, *Le Chartreux*, *Lulofs*, *Pezenas*, *De Ratte*, *Bouin*, *Zanotti*, geſammelt von *Pingré* Mém. d. Paris 1757. p. 97.
Die Elemente von Bradley nach ſeinen Beobachtungen entfernen ſich nie über 40″ von denſelben f. l. c. p. 416.
La Caille Leçons d'Aſtron. p. 297.
Pingré Mém. d. P. 1757. p. 105, er hatte *Bradleys* Beobacht. nicht.
De Ratte Mém. d. P. 1761. p. 500, nach ſeinen und andern Beobacht.

LII. 1758. *Meſſier* Mém. d. Paris 1759. p. 154. auch *Hiſt.* p. 165. und *Mém.* 1760. p. 463.

Ward von *Meßier* allein beobachtet, weil fein Lehrer *Delisle* ihm nicht erlaubte, feine Entdeckung der Akademie mitzutheilen.

Pingrés Elemente *Mém. de Par. 1759. p. 178.*

8. *1759.* 5te Erfcheinung des Halleyifchen Cometen. Seine Sichtbarkeit zerfällt in 3 Epochen.

21. Jan. — 13. Febr.

15. Febr. — Ende März. Der Comet in den Sonnenftrahlen, und daher nicht fichtbar.

Ende März — 28 April.

In der erften Epoche ward er von *Meßier* allein beobachtet, aus eben der Urfache wie der vorhergehende.

La Lande Mém. d. P. 1759. p. 36. (1. Beob.)

Maraldi l. c. *p. 279. La Caille Mém. 1760. p. 53.*

Meßier Mém. 1760. p. 380.

Caffini de Thury Mém. 1757. p. 241.

Bevis Phil. Trans. Vol. 51. p. 94. Vol. 53. p. 3.

De Ratte Mém. d. Paris 1761. p. 487.

Darquier Obferv. Aftron. f. à Touloufe I. p. 28.

Hell Eph. Vindob. 1760 *p. 6.*

Klinkenberg Mém. de Paris 1760. p. 433. Diefer hat auch die Beobachtungen *Lulofs*, *de Ratte*, *Morand*, *P. Sueurs* & *Jacquiers*, *Chevalier*, *Coeur-Doux*, *De la Nux* und die zu Cadix angeftellten, gefammelt.

Bailly Mém. préf. étrang. V. p. 12. VI. p. 240 & *383.*

Abbé Chevalier in Liffabon. *Mém. préf. T. V. p. 37.*

In Rückficht der Elemente:

Meßier nach feinen, d. h. den zahlreichften und entfernteften Beobacht. daher wahrfcheinlich die genaueften *Mém. 1760. p. 425.*

De la Lande nach einer Beob. v. 16. April. von *Darquier*, einer vom 1. May von *Bradley*, einer vom 16. May von ihm felbft. Man vermuthet einen Fehler in der Bradleyif. Beobachtung; (diefe Beobacht. ift von *Bevis*, fteht in *Phil. Trans.* 51. *p. 94.* und die Decl. fo *la Lande* gebraucht, ift um 6' zu klein.) Daher der Unterfchied. *Mém.* 1759. *p. 34.*

Maraldi auf Beob. 13. Apr. von *la Caille*, vom 1. und 18. May von ihm felbft. Seine 24 Beobachtungen ftimmen 23mal beffer als 1' und 18mal beffer als 2'. *Mém. 1759 p. 286* er hat die halbe grofse Axe 17,9166 gefetzt.

La Caille die erften Elemente *Mém. 1760 p. 53.* Die 2ten *Mém. 1760, p. 428.* Diefe nach feinen Beobachtungen.

Klinkenberg, die erften in der Ellipfe berechnet, die grofse Axe 36,036934; die kleine 9,092565.

Die 2ten parabolifch; fie ftellen zwar die Beobacht. nach dem Perihelium dar, fo dafs der Fehler nie 2'; allein bey *Meßiers* Beobachtung vom 21. Jan. fand Pingré die Fehler diefer Elemente in die Länge 2° 14' 50", in der Breite 42' 55".

Bailly

Bailly Mém. étrang. t. V. p. 16 nach *la Caille's* Beobachtungen, der Fehler geht zweymal bis 3'.
Pingré.

LIII. 1759. *Meßier Mém. de Paris 1772. I. p. 421.*
De la Caille Mém. de Par. 1760. p. 147.
Caßini de Thury bey *Pingré Cometogr. II. p. 169.*
Pingré's Elemente find feiner Verficherung nach die erften und genaueften, auch bey der fpätern Beobachtung vom 16. März war der Fehler wie immer unter 2'. *Mém. 1760 p. 153.* Da hingegen *la Caille's* Elemente bey der erften Beobachtung *Meßiers* in der Länge und Breite faft 4' fehlen. *Mém. 1760 p. 151.*
Chappe's Elemente in *Mém. 1760 p. 169.*

LIV. 1759. *Caßini de Thury Mém. 1760 p. 98. De la Caille l.c. p. 101.*
Pezenas l. c. & Mém. 1772 p. 103. Maraldi l. c. p. 157.
Meßier Mém. 1772. I. p. 333.
Darquier Obf. Aftr. f. à Touloufe I. p. 29.
Short Philof. Trans. Vol. 51 p. II. p. 405.
Chevalier Mém. étrang. V. p. 44 & Mém. d. P. 1772. p. 341.
Chappe d'Auteroche.
Die Elemente von *la Caille* beruhen auf feinen eigenen Beobachtungen
    Mém. 1760. p. 104.
Die von *Chappe* auf feine und *Maraldis* Beob. *l. c. p. 167.*

LV. 1762. *Meßier Mém. étrang. t. V. p. 92.*
Maraldi Mém. d. Paris 1762 p. 557.
La Lande.
Klinkenberg Mém. 1762 p. 562 & Mém. étrang. V. p. 175.
Bailly Mém. 1763 p. 229.
Die Elemente finden fich
Maraldi Mém. 762 p. 561. Fehler bis 8'.
La Lande Phil. Trans. Vol. 52 p. II. p. 580 und mit einigen kleinen Aenderungen. *Mém. 1762. p. 566.* Die erftern befinden fich in der Tafel. *Meßier* findet ein wenig ftarke Unterfchiede von feinen Beob.
Bailly Mém. d. Paris 1763. p. 233 Fehler über 5'.
Klinkenberg Mém. étrang. V. p. 175 Fehler bis 7'.
Struyck Mém. 1763 p. 15 ein einzigesmal 4' 40", fonft meiftens bis 2', daher *Pingré* fie für die beften hält.

LVI. 1763. *Meßier Mém. 1774. p. 23.*
Pingré's 2te Elemente ftehen *Mém. d. Par. 1764 p. 487 & 1774. p. 36.*
Die erften Elemente in *Cometogr. II. p. 106.*
Er hat fehr viel Zeit auf diefen Cometen verwendet, weil die 3 erften und die Breiten der lezten Beobachtungen nicht ftimmen wollten; es find höchftwahrfcheinlich Beobachtungsfehler.
Lexell berechnete diefen Cometen in einer Ellipfe. *Aft. Acad. fc. Imp. Petropol. 1780. Part. II. p. 324.*

LVII.

LVII. 1764. *Meſſier Mém. 1771. p. 506* und *Phil. Trans. Vol. 54. p. 151.*
Darquier Obſ. Aſtr. f. à Toulouſe I. p. 71 blos 2 Schätzungen.
Pingré's Elemente die erſten *Mém. de Paris 1771. p. 513* ſind die wahren Elemente.
Die 2ten Elemente ſtehen *Mém. de P. 1764. p. 487* und ſind blos nach den erſten Beobacht.; auch findet ſich die Länge des Knotens um 10° zu klein, ein Druckfehler, den La Lande und die Berl. Tafeln wiederhohlt haben. Sie ſind auch den 18. Jan. eingegeben, nicht den 18. Julius.
Die 3ten Elemente ſtehen *Mém. 1764. P. 344.* ſind durch die bis zum 22. Jan. geſchehenen Beobachtungen verbeſſert.

LVIII. 1766. *Meſſier Mém. d. Paris 1773 p. 153* auch *Mém. 1766. p. 425.*
Caſſini de Thury Mém. d. Par. 1767 p. 313.
Wegen der geringen Bewegung des Cometen giebt *Pingré* ſeine Element nur als ein beynahe an; ſie ſtehen *Mém. 1766. p. 424.*

LIX. 1766. *Caſſini de Thury Mém. d. Paris 1767. p. 322.*
Meſſier Mém. étrang. VI. pag. 2. oder *Mém. de Paris 1773. p. 163* und *Phil. Trans. Vol. 56 p. 57.*
De la Nux und einiger andre *Pingré II. p. 76.*
Die 2ten und 3ten Elemente von Pingré ſind nach Meſſier's Beobachtungen, und ſtimmten ziemlich gut überein: allein er war blos nur 5 Tage hinter einander beobachtet worden. Die erſten Elemente ſind beſſer und nach *De la Nux* Beobachtungen, die zwar nicht genau aber bis zum 13 May reichen, berichtigt. M. S. *Pingré l. c.*
Die erſten Elemente ſtehen beym *Pingré II. p. 106.*
Die 2ten *Mém. de Par. 1773. p. 166.*
Die 3ten Berl. Taf. *I. p. 41.*

LX. 1769. *Meſſier Mém. de Berlin* und *Mém. de Paris 1775. p. 392* daſelbſt ſind auch faſt alle übrige zu finden.
Maskelyne Aſtr. Obſerv. Vol. I. Zen. Diſt. p. 65.
Caſſini le fils Mém. de Paris 1770 p. 24.
Wargentin Schwediſ. Abhandl. B. 32. p. 179.
Pilgram Ephem. Vindob. 1771 p. 252.
Zanotti &c. l. c. p. 258.
Fixlmillner Decem. Aſtron. p. 138.
Chr. Mayer.
Die Elemente von La Lande *Mém. 1769. p. 55.*
von Wallot *ib. p. 56.* von *Caſſini fils Mém. 1770. p. 30.*
Dieſer nach ſeinen Beobachtungen der Fehler geht manchmal auf 4' bis 5'.
Proſperin nach Wargentin der Fehler 4mal 6'. Schwediſ. Abh. und *Mém. 1775. p. 430.*
Audiffredi de Cometarum motu, enthält ſeine Beob. und Elemente. Fehler 9' bis 10'.
Slop Theoriae Cometar. anni 1769 & 1770. Der Fehler iſt 2mal über 3'.

Zanot-

Zanotti *de Cometa anni 1769* Fehler bis 11' bey f. eigenen Beob.
Afclepi *de Cometar. motu.* Beobacht. und Elemente.
Lambert Beyträge III T. *pag.* 180 und *Recueil p. l. Aftr. p.* 225.
Widder *Mém. d. Paris 1775. p.* 430.
Euler und Lexell eine Ellipfe von 449 bis 519 Jahren. M. S. *Lexell Recherches & Calcul fur la Comète de 1769 & fon tems periodique*, Petersb. 1770. 4to.
Pingré Ellipfe von 1231 Jahr 4 Mon.
Die darauf folgenden Elemente in d. *Cometogr.* II. *p.* 381.

LXI. 1770. Maskelyne *Aftr. Obf. Vol. I. Zen. Dift. p.* 85.
Meffier *Mém. 1776. p.* 597.
Darquier *Obf. Aftr. f. à Toulouse I. p.* 163.
Krafft *Novi Comment. Petropol. 1769. XIV. P. II. p.* 270.
Hubert *Eph. Vindob. 1772. p.* 260.
Man findet diefe gefammelt v. Meffier *l. c.*
Von den 3 erften Theorien von Pingré fteht die erfte Berl. aftronomif. Taf. I. p. 41. Die 2te *Mém. de P. 1770. p.* 255. Die 3te giebt er in f. Cometentafel von 7 andern ausgewählt: allein fie fehlt den 31. Aug. 26' in der Länge und den 15. Jun. 75' in der Breite.
Die erften Elemente von Prosperin ftellen die Beobacht. von Junius
Die 2ten die Beobachtungen vom 2. bis 19ten Aug.
Die 3ten die Beobacht. vom 30. Aug. bis 20. Oct. dar Sie ftehen in *Berl. Ephem.* 1782 *p.* 191 und *Nov. Act. Upfal.* II. *p.* 267.
Widder in *Berl. Ephem. l. c. & Mém. d. Paris 1770. p.* 255.
Lexell eine Ellipfe von 5,58513 Jahren oder 5 Jahr 7 Monat. Die halbe grofse Axe 3,1478606. Sie finden fich in Berl. Ephém. *l. c.*; in *Mém. de P. 1776. p.* 638. in *Phil. Trans. Vol.* 69. *p.* 68. *Acta Petrop.* 1778 p. 317 und *Acta Petrop.* 1777. *P. I. p.* 332.
Zur Beftätigung der Umlaufszeit hat *Lexell* mehrere nur wenig grölsere Umlaufszeiten angenommen, konnte aber keine finden, wo die Fehler der Beobachtungen nicht grölser werden, als man der Wahrfcheinlichkeit nach annehmen darf. Prüfung der Meffierfchen Beobacht. diefer Cometen finden fich *Act. Petropol.* 1777. *Part. II. p.* 328. Vermuthung über die Wiederkehr diefes Cometen, *Lexell Act. Petrop.* 1777. *P. II. p.* 328.)
Die nun folgenden Elemente von Pingré (9te der Taf.) gehören zu einer Ellipfe von 5,4288625 Jahren, deren halbe grofse Axe alfo 3,0889149 ift *Pingré Cometogr.* II. *p.* 89.
Slops Elemente in feinem (beym Comet 1769 citirten) Werk und *Berl. Ephem.* 1782. *p.* 191.
Lambert in Beyträgen. Th. III. *p.* 305.
Rittenhoufe *Trans. of the American philof. foc. Vol. I.* und *Eph. Berol.* 1782. *p.* 191.

LXII. 1770. Meffier *Mém. d. Paris 1771. p.* 423.
La Grange,
La Nux
Pin-

Pingré's Elemente gründen sich auf Meßiers Beobachtungen, und stehen *Mém. 1771. p. 427.*
LXIII. 1771. *Meßier Mém. de Paris 1777. p. 154.*
Wargentin Schwedis. Abhandl. XXXIII. *p. 342.*
Fixlmillner Decen. Astronom. p. *147* sind hier genauer reducirt als in *Eph. l'ienn. 1773.*
Maskelyne Astr. Obs. rv. Vol. I. Zen. Dist. p. 115.
Dulagne Mém. présent. VII. p. 422.
Diese und noch *S. A. J. de Sylvabelle* Beobachtungen hat *Meßier l. c.* gesammelt.
Pingré's Elemente nach Meßiers ersten Beobachtungen stehen *Mém. d. P. 1777 p. 175.*
Prosperins nach Wargentins Beobachtungen giebt Pingré selbst den Vorzug; der Fehler ist nur 2mal über 1'. Sie stehen Schwedis. Abhandl. B. 33. *pag.* 347 auch *Eph. Berl. 1776. p. 186.*
LXIV. 1772. *Meßier Mém. 1777. p. 345.*
Montagne.
Da während den 4 Beobachtungen Meßiers die Bewegung des Cometen nur 11° betrng, so sind die Elemente des Herrn La Lande nur als beynahe wahr anzusehen.
LXV. 1772. *Meßier Mém. de Paris 1773. p. 271.*
Maskelyne Astr. Obs. Vol. I. Zen. Dist. p. 116.
Wargentin.
In Rücksicht der Elemente finden sich
Die zwey ersten von *Pingré* in *Mém. 1774. p. 327.*
Die ersten sind die wahren und verbesserten Elemente.
Lambert und Schulz, beyde nach des erstern Constructionsart, m. s. *Berl. Ephem. 1777. p. 136.*
Lexell hat sich sehr viel Mühe gegeben, um die Umlaufszeit zu finden, fand aber nichts befriedigendes: denn bey den ersten ist die Excentricität 0,9930757, bey den 2ten, 0,9951225, bey den 3ten, 1,0037085 bey der 4ten, 1,0024001, so daß die beyden lezten Bahnen gar hyperbolisch sind. Man s. *Mém. 1777. p. 357. Act. Petropol. 1779. P. II. p. 335.* Die nun folgende Elemente von *Pingré* sind ebenfalls elliptisch: die halbgroße Axe ist 173,18673, die Umlaufszeit 2269 Jahr.
LXVI. 1774. *Meßier Mém. d. Paris 1775. p. 445.*
Die 1sten Elem. von *De Saron* nach den Beob. vom 19. Aug. 4ten und 20. Sept.
Die 2ten Elem. nach den B. vom 23. Aug. 11. Sept. und 1. Oct.
Diese finden sich in obigen *Mém.* von *Meßier*.
Du Sejour Elemente in *Berl. Ephem. 1779. p. 88.*
Bode's l. c. p. *87.* durch Construction und Rechnung.
Schulze Berl. Eph. 1783 p. 207. nach Herrn *la Grange* Methode.
Michains Elemente in der *Connoiss. d. T. 1776. p. 308;* doch mit einigen geringen Abänderungen.
LXVII. 1779. *Meßier Mém. de. Par. 1779. p. 318.*
Maskelyne Astr. Obs. Vol. II. sine.
Cesaris & Reggio Ephem. Mediol. 1782. p. 115.
Oriani l. c. p. *164.*
Darquier Obs. Astr. f. à Toulose II. p. 196.
Bode, Englefied, Garipuy, Michain, fast sämtl. in obigen *Mém.* von Meßier gesammelt.
Mallet Act. Petrop. 1781. P. II. p. 341.
Die Elemente von
de Saron nach Meßiers Beobachtungen *Mém. 1779. p. 353.*
Michain nach seinen und *Meßiers* Beobachtungen, l. c. p. *353.*
D'Angos nach *Meßiers* Beobacht. l. c.
Reggio nach seinen und *Meßiers* Beob. *Ephem. Mediol. 1782 p. 155.*
Oriani l. c. die ersten nach Lamberts Costruction, die 2ten nach Eulers Methode (*Theor. m. pl. & Com. p. 133.*) er fand bey 20 Hypothesen die Bahn immer hyperbolisch.
Prosperin die ersten Elemente parabolisch; und damit aus 4 Beobacht. die Umlaufszeit 1125 bis 1160 Jahr.
Die 2ten Elemente eine Umlaufszeit 19000 Jahr.
Die 3ten Elemente gehören gar zu einer Hyperbel, und doch stellen sie die Beobachtungen bis auf wenig Secunden dar. M. S. Bodens Astr. Jahrb. 1789 *pag.* 167. Neue Schwedis. Abhandl. B. 6. *pag.* 260 § 4.

St. Mel-

v. Zach nach Herrn *de la Place* Methode.
Bode Berl. Eph. 1782 p. 15 nach Lamberts Conſtruction.
Olbers l. c. p. 130 nach Lamberts Conſtr und Eulers Meth. und ſeinen eigenen ohne Inſtrumente gemachten Beobachtungen.
de Pacaſſi in ſ. Ueberſetz. von *Euleri Theor. Mot. Plan. & Com. p. 370.*
Die 2ten verbeſſerten Elemente *l. c. p. 228.*

LXVIII. 1780. *Meſſier Mém. 1780. p. 515.*
   Méchain in Bodens Jahrb. 1784. p. 140.
   In Rückſicht der Elemente hat ſich Lexell viel Mühe gegeben. *Act. Petrop. 1780 Part. II. p. 347.* Nach vielen Prüfungen und Verſuchen erklärt er die erſten in unſerer Tafel für die beſten; aus den übrigen zweyen kann man beurtheilen, wie weit ſich zuſammengehörige Stücke z. E. Knoten und Neigung ändern laſſen. Sie gründen ſich auf Meſſiers Beobacht. und ſtehen *Mém. 1780 p. 532.*
   Méchain's Elemente gründen ſich auf ſeine eigenen Beobachtungen; ſie ſtehen in Bodens Jahrb. 1784 pag. 141.

LXIX. 1780. *Montagne Mém. d. Paris 1780 p. 515.*
   Daſelbſt auch Boscovichs Elemente.
   Herr D. Olbers hat dieſen Cometen auch in Göttingen geſehen.

LXX. 1781. *Meſſier Mém. de Paris 1781 p. 349.*
   Méchain Mém. 1782. p. 581.
   Bode Jahrb. 1785. p. 166.
   Köhler l. c. pag 168.
   Die Elemente in *Mém. 1782 p. 582* und Bodens Aſtr. Jahrb. 1785. p. 166.

LXXI. 1781. *Meſſier Mém. de Paris 1781 p. 360.*
   Méchain Mém. 1782. p. 587.
   Die erſten Elemente Méchains ſind nach der indirecten Methode berechnet (*Mém. 1782. p. 594;*) die 2ten nach *de la Place* Methode, *Mém. 1780. p. 71* und *Bodens Jahrb. 1786. p. 234.*

LXXII. 1783. *Meſſier Mém. de Paris 1783. p. 123.*
   Méchain l. c. p. 643 und *Bodens Jahrb. 1787. p. 142.*
   Pigott Philoſ. Trans. Vol. 74. Nro. V. & XXXVI.
   Méchain und Saron Elemente in *Mém. 1783 p. 132 & 643* auch *Connoiſſ. d. T. 1788. p. 324.* Sie ſind aus Mangel an Beobachtungen ungewiſs.

LXXIII. 1784. *Meſſier Mém. de Paris 1784. p. 313.*
   Méchain l. c. p. 358.
   Darquier.
   Die erſten Elemente von Méchain ſind die verbeſſerten, ſie ſtehen *Mém. 1784 p. 363.* Die 2ten Elem. in *Bodens* Jahrb. 1787. pag. 142.

LXXIV. 1784. *D'Angos* in *Pingré Cometogr. II. p. 513* und hieraus in Bodens Jahrb. 1788 p. 166.
   Die Elemente in *Mém. de Paris 1784 p. 327* und *Connoiſſ. de Tems 1788. pag. 335.*

LXXV. 1785. *Meſſier Mém. de P. 1785. p. 646.*
   Méchain in Bodens Jahrb. 1789 pag. 142.
   Die Elemente in der *Connoiſſ. d. T. 1788. pag. 335* und Bodens Jahrb. 1788 pag. 136. *Extrait des Obſerv. aſtron. à l'obſerv. royal, par le Comte Caſſini année 1785. p. 20.*

LXXVI. 1785. *Meſſier Mém. de Paris 1785 p. 646.*
   Méchain in Bodens Jahrb. 1789 pag. 143.
   Die Elemente *Connoiſſ. d. T. 1788 pag. 336.* Bodens Jahrb. 1789. p. 144. *Extrait des Obſerv. aſtr. à l'Obſ. Roy. par le Comte Caſſini année 1785 p. 20.*

LXXVII. 1786. *Meſſier Mém. de Paris 1786. p. 98.*
   Maskelyne Aſtr. Obſ. Vol. II. Year 1786. p. 29.
   Méchain in Bodens Jahrb. 1790. pag. 181.
   Reggio Ephem. Mediol. 1789. p. 144.
   De Ceſaris ibid. p. 212.
   Méchains Elemente *Connoiſſ. d. Tems 1789. p. 323.*
   Reggio Ephem. Mediol. 1789 p. 147.

LXXVIII. 1787. *Meſſier Mém. de Paris 1787. p. 70.*
   Méchain Extr. des Obſerv. aſtron. à l'Obſ. Roy. p. le Comte Caſſini année 1787. p. 140.
   Darquier.

De la Nux beobachtete ihn in *Isle de France* vom 25. May bis 26. Jul. *Extr. 1787 p. 140.*
De Saron's Elemente stehen *Mém. 1787 p. 62 & 74.*
Connoiss. d. Tems 1790 p. 376 & Bodens Jahrb. 1791 p. 155.

LXXIX. 1788. *Meßier Mém. 1789 p. 663.*
Méchain in Bodens Jahrb. 1791 pag. 119.
Die ersten Elemente in der *Connoiss. d. T. 1791 p. 369.*
Die 2ten in Bodens Jahrb. 1793 pag. 115. *Extrait des Observ. astron. 1788 p. 189.*

LXXX. 1788. *Miss Herschel* und *W. Herschel*, Phil. Trans. Vol. 77. p. 1.
Meßier Mém. d. Paris 1789. pag. 681.
Maskelyne Astron. Observations year 1788.
Méchain Bodens Jahrb. 1791. pag. 1 v.

LXXXI. 1790. *Miss Herschel & Méchain Mém. 1790.*
Die Elemente in *Conn. d. T. 1792 pag. 354* und Bodens Jahrb. 1794 pag. 94.

LXXXII. 1790. *Mém. d. Paris 1790.*
Die Elemente *Conn. d. T. 1792 p. 355* und Bodens Jahrb. 1794 p. 94.

LXXXIII. 1790. *Miss Herschel Phil. Trans Vol. 79. p. 151.* Meridianbeobachtungen von *La Lande* in *Conn. d. T. année V. p. 299*, daselbst auch einige von *Meßier* und *Méchain.*
Die Elemente in *Conn. d. T. 1792 pag. 355*; Bodens Jahrb. 194. p. 94. und *Englefield on the Determination of the orb. of Comets*, London 1793. p. VIII.

LXXXIV. 1791. Bode's Jahrb. 1795 pag. 184.
Die ersten Elemente von *Méchain Connoiss. d. T. 1793 p. 374 Extr. des Observat. par Comte Cassini ann. 1791. p. 377*
Die darauf folgenden in Bodens Jahrb. 1796 pag. 148; 1795 p. 186 und pag. 201.
Die von Englefield in seinem Werk pag. VIII.
Méchain und *v. Z.* nach *La Place* Methode ; *Bode* durch *Lamberts* Construction, *Englefield* durch *Boscovichs* Construction. Die erstern Elemente von Méchain sind die nach allen Beobachtungen verbesserten.

LXXXV. 1791. *Piazzi della specola astron. l. V. initio.*
Die Elemente von Méchain in Bodens Jahrb. 1797. pag. 136.
von *Piazzi* in seinem Werk *l. c.* (durch die indirecte Methode.)
von *Prosperin* in Bodens Jahrb. 1799 pag. 191.
von *de Saron Connoiss. d. T. 1795. p. 286* sind aber noch nicht verbesserte Elemente.

LXXXVI. 1793. *Miss Herschel* Phil. Trans. 1793.
Die Elemente in *Conn. d. T. 1795. p. 287.*

LXXXVII. 1793.
Die Elemente in *Conn. d. T. 1795. pag. 287.*

LXXXVIII. 1795. Olbers in Bodens Jahrb. 1799 pag. 102.
Bode *l. c.* pag. 231.
Bouvard Connoiss. d. T. An. VI. p. 464. Daselbst stehen folgende Elemente nach Hrn. *B.* eigenen und den deutschen Beobachtungen: Zeit des Durchgangs 15. Dec. 15 u. 30'. Knoten 11 Z. 13° 23'. Neigung 20° 3'. Ort des Perihelium 5 Z 7° 37. Abstand des Periheliums 0,458.
Die Elemente stehen in Bodens Jahrbuch 1799. Olbers's pag. 102, v. Zach's p. 207. Prosperin's p. 191. und Bode's pag. 231. *Bode* hat bloss Construction gebraucht.

LXXXIX. 1796. Olbers in Bodes Jahrb. 1799. pag. 106.
Schröter l. c. pag. 108.
Daselbst stehen auch Herrn D. Olbers Elemente.

Tafel VII. welche die Beſtimmungsſtücke bey den kleinſten Abſtänden der Bahnen aller bisher berechneten Cometen von der Erdbahn zeigt, vom Herrn Prof. *Proſperin* in Upſal.

Nro. der Cometen	Abſtand des Cometen in ſeiner Bahn vom Knoten	Abſtand der ☊ v. Kn. des Cometen	kleinſte Entf. des Comet. von der Erdbahn	Zeit, da der Comet der Erdbahn am nächſten war	Zeit, da die Erde der Cometenbahn am nächſten war
	G.M.	G.M.	Entf. ☉ v. ☊ = 1	Jahr Mt. T. St.	Jahr Mt. T. St.
I	☊ — 1 37	1 35	0, 006	837 April 8 11	837 April 13 12
III	♌ — 28 55	28 47	0, 053	1231 Febr. 19 7	1231 Febr. 25 15
IV	♌ — 2 45	2 23	0, 016	1264 Jun. 9 12	1264 Mℨrz 8 22
V	♌ + 5 8	1 51	0, 100	1299 Febr. 21 23	1298 Dec. 31 17
VI	♌ + 1 6	0 22	0, 083	1301 Sept. 17 23	1301 Sept. 29 22
	♌ + 1 6	0 22	0, 083	1301 Nov. 25 1	1302 Mℨrz 26 16
VII	♌ + 14 53	12 42	0, 182	1337 May 3 22	1337 Dec. 1 21
VIII	♌ + 7 19	6 58	0, 0421	1456 Jul. 10 22	1456 April 22 6
IX	♌ + 27 43	27 37	0, 0434	1472 Jan. 22 10	1472 Jan. 19 12
8	♌ + 9 20	8 59	0, 0540	1531 Oct. 1 19	1531 April 20 20
X	♌ + 34 53	30 26	0, 3331	1532 Sept. 28 1	1532 Nov. 2 9
	♌ + 58 12	53 39	0, 4806	1532 Nov. 29 23	1532 April 8 9
XI	♌ — 30 38	25 39	0, 3132	1533 Jul. 22 16	1533 Jun. 21 10
♃ XII	♌ — 7 28	6 20	0, 0705	1550 Mℨrz 12 12	1550 Mℨrz 12 8
XIII	♌ + 18 39	5 8	0, 3475	1577 Nov. 20 6	1577 Oct. 3 20
XIV	♌ — 5 29	2 20	0, 1227	1581 Jan. 11 4	1581 Mℨrz 27 1
	♌ — 5 50	2 29	0, 1295	1580 Oct. 16 0	1580 Oct. 4 11
XV	♌ — 40 51	22 26	0, 6198	1582 Mℨrz 30 3	1582 April 8 15
				Neuen	Stils.
XVI	☊ — 24 3	23 56	0, 1080	1585 Oct. 11 6	1585 Oct. 5 17
XVII	♌ + 19 24	17 0	0, 1955	1590 Mℨrz 9 15	1590 Febr. 15 23
XVIII	♌ — 21 50	0 49	0, 2163	1593 Aug. 13 17	1593 Sept. 4 17
XIX	♌ + 4 17	2 38	0, 0811	1596 Jul. 3 18	1596 Aug. 10 9
8	♌ + 7 45	7 25	0, 0416	1607 Dec. 3 3	1607 May 3 11
XX	♌ + 50 10	54 14	0, 3175	1618 Jul. 15 21	1618 May 19 23
XXI	♌ — 1 19	1 3	0, 0158	1618 Sept. 30 9	1618 Jun. 7 15
XXII	♌ — 3 31	0 39	0, 1240	1652 Dec. 19 21	1652 Nov. 28 14
10 XXIII	♌ — 47 36	42 42	0, 4237	1661 Mℨrz 10 1	1661 April 29 7
	♌ + 42 48	37 58	0, 7035	1661 Jan. 3 15	1661 Nov. 6 0
XXIV	♌ — 17 30	10 28	0, 1765	1664 Dec. 28 16	1664 Dec. 28 3
XXV	♌ — 13 7	3 12	0, 2171	1665 Mℨrz 21 6	1665 May 4 15
XXVI	♌ — 1 39	0 11	0, 0500	1672 April 8 8	1672 Jan. 10 1
XXVII	♌ + 11 14	2 10	0, 2348	1677 April 6 7	1677 May 19 1
XXVIII	♌ — 13 34	13 33	0, 2180	1678 Aug. 26 22	1678 Aug. 20 11
XXIX	♌ + 0 19	0 9	0, 0048	1680 Nov. 21 20	1680 Dec. 22 7
8	♌ + 8 29	8 5	0, 0490	1682 Oct. 22 9	1682 May 2 21
XXX	♌ — 2 23	0 17	0, 0604	1683 Jun. 2 3	1683 Mℨrz 13 1
XXXI	♌ — 0 4	0 4	0, 0092	1684 Jun. 29 1	1684 Jun. 18 5
XXXII	♌ + 14 29	12 20	0, 1385	1686 Oct. 20 21	1686 Mℨrz 22 18
XXXIII	♌ + 41 54	17 36	0, 6215	1689 Dec. 17 15	1690 Jan. 25 2
XXXIV	♌ + 60 18	60 17	0, 1813	1698 Nov. 21 0	1698 April 16 13
XXXV	♌ — 3 46	1 20	0, 1043	1699 Febr. 22 11	1699 Febr. 11 0
XXXVI	♌ + 22 33	22 29	0, 0304	1702 April 20 5	1702 April 22 2
XXXVII	♌ + 16 50	9 47	0, 2812	1706 Mℨrz 16 5	1706 Mℨrz 24 0
XXXVIII	♌ + 1 5	0 2	0, 0761	1707 Nov. 24 4	1707 Nov. 15 10
XXXIX	♌ — 0 35	0 30	0, 0449	1718 Jan. 10 1	1718 Jan. 27 21
XL	♌ — 1 24	0 54	0, 0621	1723 Oct. 17 22	1723 Oct. 8 13
XLI	♌ — 7 12	1 37	3, 0713	1729 May 27 18	1729 Aug. 4 7
XLII	♌ + 23 22	21 19	0, 1209	1736 Dec. 28 0	1737 April 13 11
XLIII	♌ — 2 41	1 31	0, 0578	1739 Jul. 26 18	1739 Oct. 23 7
XLIV	♌ + 3 19	1 18	0, 1039	1742 Febr. 26 7	1742 Mℨrz 24 15
XLV	♌ + 21 4	21 3	0, 0141	1742 Dec. 21 9	1742 Nov. 9 3
XLVI	♌ + 13 38	9 36	0, 2291	1743 Oct. 19 5	1743 Mℨrz 16 4
XLVII	♌ — 20 18	18 34	0, 3394	1744 Jan. 24 5	1743 Nov. 26 10
XLVIII	♌ — 21 35	4 10	1, 4456	1746 Dec. 23 6	1747 Aug. 15 23

(E)

Tafel VII. welche die Beſtimmungsſtücke bey den kleinſten Abſtänden der Bahnen aller bisher berechneten Cometen von der Erdbahn zeigt, vom Herrn Prof. *Proſperin* in Upſal.

Nro. der Cometen	Abſtand des Cometen in ſeiner Bahn vom Knoten G. M.	Abſtand des ☊ v. Kn. des Cometen G. M	Kleinſte Entf. des Comet. von der Erdbahn Entf. ☉ =1	Zeit, da der Comet der Erdbahn am nächſten war. Jahr Mt. T. St.	Zeit, da die Erde der Cometenbahn am nächſten war. Jahr Mt. T. St.
XLIX	+ 1 25	0 7	0, 1502	1748 April 17 23	1748 May 13 0
L	+ 4 4	2 13	0, 0091	1748 May 17 2	1748 April 21 19
LI	+ 17 18	15 54	0, 0066	1757 Nov. 27 18	1757 May 11 3
LII	− 10 22	6 12	0, 2815	1758 Jul. 19 10	1758 Nov. 5 14
8	+ 10 10	9 42	0, 0574	1759 April 19 4	1759 May 4 12
LIII	− 12 44	2 28	0, 3527	1760 Jan. 18 1	1760 Febr. 5 22
LIV	− 37 16	37 10	0, 0536	1759 Dec. 31 21	1760 Jan. 16 22
LV	− 9 16	6 49	0, 3435	1762 Jul. 14 23	1761 März 6 12
LVI	− 0 48	0 14	0, 0185	1763 Dec. 11 3	1765 März 15 21
	+ 0 57	0 16	0, 0223	1763 Sept. 23 15	1763 Sept. 19 0
LVII	− 1 48	1 4	0, 0311	1764 März 24 9	1764 Jul. 11 22
LVIII	+ 6 19	4 45	0, 0062	1766 März 24 7	1765 Nov. 20 20
LIX	+ 51 42	51 29	0, 1166	1766 May 24 0	1766 Jun. 30 0
LX	− 9 30	7 20	0, 1127	1769 Sept. 4 4	1769 Sept. 24 19
LXI	+ 35 32	35 31	0, 0183	1770 Jul. 1 6	1770 Jul. 1 11
LXII	− 5 35	4 46	0, 0590	1770 Oct. 18 0	1771 Jul. 15 15
LXIII	− 35 1	34 29	0, 1204	1771 März 21 11	1771 Nov. 23 23
LXIV	− 10 33	9 59	0, 1030	1772 Jan. 30 23	1771 Dec. 12 8
LXV	− 7 37	3 40	0, 3130	1773 Oct. 11 1	1773 Jan. 17 1
LXVI	− 9 59	1 14	0, 5957	1774 Sept. 17 21	1774 Sept. 22 1
LXVII	− 1 13	1 1	0, 0148	1778 Nov. 30 17	1778 Oct. 16 22
LXVIII	+ 18 32	11 12	0, 2612	1780 Oct. 26 17	1781 Jan. 12 4
LXX	− 2 40	0 23	0, 2017	1781 Jul. 20 15	1781 Jun. 13 18
LXXI	− 16 59	15 12	0, 1944	1781 Oct. 27 5	1781 Nov. 23 12
LXXII	− 2 46	1 40	0, 5792	1783 Nov. 6 18	1783 Nov. 14 13
LXXIII	− 5 37	3 38	0, 2204	1784 Febr. 3 12	1783 Nov. 15 3
LXXIV	+ 10 28	7 4	0, 2840	1784 May 15 0	1784 Jun. 9 17
LXXV	− 2 34	0 52	0, 2124	1785 Jan. 6 20	1784 Dec. 15 19
LXXVI	+ 13 58	0 43	0, 0502	1785 April 25 20	1785 May 24 0
LXVII	+ 21 50	14 11	0, 5209	1786 Jul. 20 17	1786 Apr. 17 24
	− 39 37	27 34	0, 3534	1786 May 24 6	1786 Nov. 3 16
LXXVIII	+ 8 39	4 33	0, 1631	1787 Jan. 15 11	1787 Jul. 13 13
LXXIX	− 37 11	30 31	0, 1773	1788 Oct. 24 18	1789 Jan. 19 11
LXXX	− 4 3	2 0	0, 1790	1788 Dec. 2 23	1788 Sept. 12 2
LXXXI	− 2 41	2 17	0, 0334	1790 März 10 17	1789 Sept. 20 14
LXXXII	− 2 2	1 6	0, 1060	1790 Jan. 10 2	1789 Dec. 19 3
LXXXIII	− 2 6	0 55	0, 0503	1790 Jun. 26 22	1790 April 23 10
LXXXIV	− 7 30	5 27	0, 3441	1792 Febr. 2 4	1791 Oct. 9 10
LXXXV	− 1 39	1 5	0, 0618	1793 Jan. 18 13	1793 Jan. 3 18
LXXXVI	− 13 41	7 23	0, 2502	1793 Dec. 18 23	1794 Jan. 15 5
LXXXVII	− 25 52	18 27	0, 8065	1793 Sept. 22 28	1793 Oct. 13 12
LXXXVIII	− 39 40	36 59	0, 2685	1795 Nov. 27 19	1795 Oct. 31 1

Bey den 8 erſtern Cometen hat Herr Prof. Proſperin die Erdbahn als circulär angenommen; allein von dem Cometen von 1446 an, welches der von Regiomontan beobachtete iſt, iſt die Rechnung aufs genaueſte geführt, weil dabey die Excentricität der Erdbahn mit zum Grunde gelegt worden. Das Zeichen — zeigt an, daſs der Comet zwiſchen ſeinem Perihelio und Knoten iſt, oder daſs dieſer Winkel negativ ſey. Die Zeichen ☊ und ☋ geben zu erkennen, bey welchem Knoten der Comet ſich in ſeiner kleinſten Entfernung von der Erde befindet. Vermittelſt der beyden leztern Columnen läſst ſich die Gefahr beurtheilen, welche die Erde bey der Annäherung eines Cometen zu befürchten hat. Der Unterſchied beyder Zeiten bemerkt, wie viel von der Zeit des Durchganges durch ſeine Sonnennähe zu ſubtr. oder dazu zu addiren iſt, damit der Comet die Erde in dem übereinſtimmenden Punct antreffe, oder ſich beyde ſo nahe kommen als möglich.

Erklärung und Gebrauch der Tafeln.

Die erste Tafel dient zur Verwandlung der Stunden, Minuten und Secunden in Decimaltheile des Tages. Man sucht in der ersten Spalte die gegebenen Stunden, dann die Minuten, zulezt die Secunden; dabey findet man in der 2ten Spalte die entsprechenden Decimalbrüche. Die Summe dieser drey Decimalbrüche ist der verlangte Decimaltheil des Tages für die gegebenen Stunden, Min. Sec. Bey dem folgenden Beyspiel werden wir zur Erläuterung der Seite 2 gegebenen Regel absichtlich mehr Decimalstellen brauchen als nöthig sind.

Beyspiel. Was für ein Decimalbruch des Tages ist 7 St. 3′ 31″?

Neben 7 St. findet man	0,2916666666666666666666
neben 3 Min. —	0,0020833333333333333333
neben 31 Sec. —	0,0003587962962962962962
Summe — —	0,2941087962962962962962

Folglich sind 7 St. 3′ 31″ = 0,2941087962 Tag.

Zur entgegengesetzten Verwandlung der Decimaltheile des Tages in Stunden, Min. Sec. dient die zweyte Tafel, deren Gebrauch sich aus dem vorigen sogleich ergiebt. Wir bemerken nur noch, dass zur Ersparung des Raums die Null in der Stelle der Ganzen weggeblieben ist, und dass man aus der lezten Abtheilung dieser Tafel den Werth aller höhern Decimalstellen blos durch Verrückung des Commas erhält, so ist z. E.

in der Tafel 0,00005 = 4,″320
also 0,000005 = 0,″4320
0,0000005 = 0,″04320

Beyſpiel. Wieviel Stunden Min. Sec. beträgt
0,2941087963 Tag?

neben 0,2	4 St.	48 Min.	0,0 Sec.
0,09	2	9	36,0
0,004		5	45,6
0,0001			8,64
0,00000			0,00
0,000008			0,6912
0,0000007			0,06048
0,00000009			0,007776
0,000000006			0,0005184
0,0000000003			0,00002592

0,2941087963 Tag = 7 St. 3 Min. 31,00000032 Sec.

Die dritte Tafel dient um leichter zu finden, der wievielſte Tag vom Anfang des Jahres ein gegebener Monatstag iſt.

So iſt z. E. der 13. März im Schaltj. der 73ſte Tag. Denn unter März im Schaltjahr ſteht 60

hierzu addirt 13
giebt 73

Hingegen iſt der 264ſte Tag im gemeinen Jahr der 21ſte Sept. Denn die nächſt kleinere Zahl iſt 243 beym Monat September; dieſe 243 von 264 abgezogen läſst 21.

Vierte Tafel. Sie giebt für den Cometen, deſſen kleinſter Abſtand von der Sonne ſo groſs als die mittlere Entfernung der Erde von der Sonne, oder = 1 iſt, die zuſammengehörigen wahren Anomalien und die mittlern Bewegungen an. Die wahre Anomalie iſt aber hier, wie gewöhnlich und bey Cometen natürlich iſt, nicht vom Aphelium ſondern vom Perihelium gezählt. Die mittleren Bewegungen ſind nach Kepplers Geſetz durch die paraboliſchen Sectoren ausgedrückt, welche der *radius vector* mit der Axe einſchlieſst; Als Einheit iſt hierbey der 100ſte Theil desjenigen Ausſchnitts angenommen,

men, wo die wahre Anomalie 90° ift. Diefe Tafel ift nach folgender Formel berechnet worden, wo v die wahre Anomalie ift: $25 (3 + \tang^2 \frac{1}{2} v) \tang \frac{1}{2} v$; fie ift noch etwas bequemer als Barkers Formel. Bis 45° der wahren Anomalie enthält fie die natürlichen Zahlen der tägl. Bewegung felbft, von da an die Log. derfelben, weil im Anfang die Logar. zu ungleich wachfen, und das Interpoliren unficher machen würden. Barker hat feiner Tafel noch eine Columne zur Berechnung des *radius vector* beygefügt: es ift aber fchärfer und leichter ihn unmittelbar nach der bekannten Formel zu berechnen.

I. Aufgabe. Aus dem gegebenen Logarithmus des kleinften Abftands eines Cometen von der Sonne den Logarithmus der mittlern täglichen Bewegung zu finden.

Man addire zum gegebenen Logarithmus feine Hälfte; die Summe ziehe man ab von dem conftanten Logarithmus 9,9601283: der Reft ift der gefuchte Logarithmus.

Z. E. beym Halleyifchen Cometen 1759 fand Klinkenberg
den Logarithmus des kleinften Abftands 9,765650
die Hälfte davon 9,882825
— Summe . . . 9,648475
+ Conftans . . . 9,9601283
gefuchte Log. d. mittl. tägl. Beweg. . 0,3116533

Anmerkung. Der conftante Logarithmus ift der Logar. der mittlern tägl. Bewegung desjenigen Cometen, deffen kleinfter Abftand von der Sonne $= 1$ ift. Bekanntlich befchreibt diefer 90° wahre Anomalie in 109,61543 Tagen $\left(= \frac{2}{3} \sqrt{2} \cdot \frac{365,25639 \text{ Tage}}{3,14159} \right)$. Da man nun annimmt, dafs die Fläche diefes parabolifchen Sectors $= 100$

ſey, ſo findet man leicht daſs auf einen Tag $\frac{100}{109{,}61543} = 0{,}9122802$ ſolche Theile kommen, wovon der Logarithmus 9,9601283 iſt.

Zweyte Anmerkung. Bey den berechneten Cometenbahnen in der 6ten Tafel, iſt dieſer Logarithmus ſchon beygefügt. Dieſes erſpart nicht blos die kleine Rechnung, die ihn zu finden nöthig iſt, ſondern iſt auch zur leichtern Entdeckung von Druck- und Schreibfehlern nützlich.

II. Aufgabe. Aus der gegebenen Zeit der Sonnennähe und dem kleinſten Abſtand von der Sonne, für jede gegebene Zeit die wahre Anomalie und den *radius vector* zu finden.

1) Man verwandele beyde gegebenen Zeiten in Decimaltheile des Tages, ziehe ſie von einander ab, und ſuche den Logarithmus dieſer Gröſse. Oder: Man ziehe erſt beyde gegebenen Zeiten von einander ab, verwandele die Stunden Minuten Secunden des Reſtes in Decimaltheile des Tages und ſuche den Logarithmus der ſo gefundenen Zahl.

2) Hierzu addire man den Logarithmus der mittlern täglichen Bewegung, den man aus dem kleinſten gegebenen Abſtand nach der 1ſten Aufgabe berechnet, wenn er nicht ſonſt ſchon bekannt iſt.

3) Iſt die gefundene Summe gröſser als 1,5174285 ſo kann man dieſelbe ſogleich in der 2ten Spalte der 4ten Tafel aufſuchen, und man findet daneben in der erſten Spalte die wahre Anomalie. Findet man die gegebene Summe nicht genau in der 4ten Tafel, wie faſt immer der Fall iſt, ſo interpolirt man vermittelſt der Differenzen in der 3ten Spalte der 4ten Taf.

d) Iſt

4) Ist aber die gefundene Summe kleiner als 1,5174:85 so suche man erst die diesem Logarithmus entsprechende Zahl, damit findet man denn in der 4ten Tafel eben so wie im vorigen Fall die wahre Anomalie.

5) Dann ist der Log. des *radius vector* gleich dem Log. des kleinsten Abstandes von der Sonne, weniger dem doppelten Logar. des Cosinus der halben wahren Anomalie.

1stes Beyspiel. Man sucht für den Halleyischen Cometen 1759 den 22. Jan. um 7 U. 3′ 31″ mittlere Pariser Zeit die wahre Anomalie und den *radius vector;* nach Klinkenberg (VI. Taf. S. 42) die Zeit der Sonnennähe 12. März 13 U. 7′ 35″; den Log. des kleinsten Abstandes 9,765650; den Log. der mittl. tägl. Bewegung 0,311653 angenommen.

Zeit d. Sonnennähe 12 März 10 U. 7′ 35″ = 71,54693 Tage
gegebene Zeit . 22 Jan. 7 3 31 = 22,29411 Tage
            Unterschied 49,25282
Log. 49,25282 . . . 1,6924313
Log. mittl. tägl. Beweg. 0,311653
            Summe 2,0040842
bey 90° 20′ w. An. steht 2,0037954
            Differenz . . 2888

Nun ist 9506 : 5′ (= 300″) = 2888 : 1′ 31,″1.
Dies zu 90° 20′ addirt giebt die gesuchte wahre
  Anomalie ± 90° 21′ 31,″1
davon die Hälfte = 45 10 45,″6
  Log. cosinus . . . 45 10 45,″6 = 9.8481215
    . . . das doppelte 9.6962430
gegebener Log. des kleinst. Abst. 9.765650
gesuchter Log. des *radius vectors* 0.0694070

2tes Beyfpiel. Für den 89ten Cometen von 1796, den lezten in der VI. Tafel (S. 48), fucht man den 1. April um 10 U. 24' 3" mittlere Parifer Zeit die wahre Anomalie und den *radius vector*.

Zeit der Sonnennähe (aus der VI. Tafel)

2 Apr. 19 U. 55' 6"

gegebene Zeit 1 Apr. 10   24 3

Unterfchied 1 Tag 9 St. 31' 3" = 1,396612 Tag
Log 1,396612   = 0,1450757
Log mittl. tägl. Bew. = 9,6629620

Summe   = 9,8079777
davon Nat. Zahl = 0,64265
bey 0° 55' w. An. fteht 0,59998

4267
5455 : 300" = 4267 : 3' 55"
0   55

wahre Anomalie   0° 58' 55"
Log. cof. halb wahr. Anom. (= 29' 27"½) = 9,9999840

doppelt   9,9999680
gegebener Log. des kleinft. Abft. 0,198151

gefuchter Log. des *radius vector* = 0,198183

III. Aufgabe. Aus dem gegebenen kleinften Abftande, und der für eine beftimmte Zeit bekannten wahren Anomalie die Zeit der Sonnennähe zu finden.

1) Aus dem kleinften Abftand von der Sonne fuche man nach der 1ten Aufgabe den Logarithmus der mittl. täglichen Bewegung.

2) Man

2) Man suche vermittelst der 4ten Taf. den Log. der mittlern Bewegung so zu der gegebenen wahren Anomalie gehört. So lange aber die wahre Anomalie kleiner als 45° ist, findet man in der 4ten Tafel die mittlere Bewegung selbst, und man muſs alsdenn den Log. dieser Gröſse aus den gewöhnlichen log. Tafeln suchen.

3) Vom Log. in (2) zieht man den Log. in (1) ab, man erhält den Log. der Anzahl Tage, die zwischen der gegebenen Zeit und der Zeit der Sonnennähe enthalten sind. Man addirt also diese Anzahl Tage zur gegebenen Zeit, wenn dieselbe vor der Zeit des Periheliums fällt; im Gegentheil subtrahirt man sie. Dieses leztere läſst sich allezeit leicht aus den Beobachtungen entscheiden.

Beyspiel. §. 47. Seite 58 der Abhandlung ist zur Zeit der 3ten Beobachtung 12 Sept. 14 Uhr 0' die wahre Anomalie 135° 52' 24" gefunden worden und der kleinste Abstand $\pi = 0{,}11782$; davon ist der Log. 9,071219 und folglich der Log. der mittlern täglichen Bewegung 1,3532998.

bey 135° 50' w. An. Log. . . 2,7475632
Proportionalth. für 2' 24" . . . 10189

Log. mittlern Bewegung . . 2,7485821
Log. mittl. tägl. Beweg. . . 1,3532998

Unterschied . . 1,3952823
davon Nat. Zahl 24,8475 Tage = 24 Tage 20 St. 20½ Min.
gegebene Zeit 12 Sept. 14 St. 0

Summa . 37 Sept. 10 St. 20½ Min.
oder Zeit der Sonnennähe 7 Oct. 10 U. 20½ Min.

(E) 5   IV. Auf-

IV. Aufgabe. Aus dem gegebenen kleinsten Abstand von der Sonne, und dem bekannten *radius vector* die Zeit der Sonnennähe zu finden.

1) Man ziehe den Log. des Radius Vectors von dem Log. des kleinsten Abstands ab; der Rest halbirt giebt den Log. des Cosinus der halben wahren Anomalie.

2) Da man nun die wahre Anomalie gefunden hat, so verfährt man in den übrigen nach der vorhergehenden III. Aufgabe.

Fünfte Tafel. Da man die Voraussetzung der parabolischen Bewegung bey den Cometen nur wegen der leichtern Berechnung der Bahn sich erlaubt, und sich erlauben muss, so wünscht man doch öfters wenn die Umlaufszeit, und dadurch die grosse Axe einer Cometenbahn bekannt worden ist, die Rechnung mit mehr Schärfe anzustellen, und die parabolischen Elemente dadurch zu verbessern. Hierzu dient nun die 5te Tafel, welche die wahre Anomalie in jeder sehr excentrischen Ellipse sehr nahe giebt. Man ziehe nähmlich vom Log. des kleinsten Abstandes den Log. der halben grossen Axe ab. Dann suche man die parabolische wahre Anomalie in der 5ten Tafel auf, nehme die dabey stehende Zahl in der 2ten Spalte, und addire hierzu den zuerst gefundenen Logarithmen. Diese Summe schlage man als den Log. Sinus x in den Tafeln auf, und der so gefundene Winkel x ist die Verbesserung der parabolischen Anomalie. Man muss x addiren oder subtrahiren, nachdem das Zeichen in der Tafel + oder — ist.

Beyspiel. Wir fanden oben (pag. 71.) für den Halleyischen Cometen die wahre parabol. Anom. 90° 21′ 31″,1 Nun fand **Klinkenberg** (S. 58 d. Tafeln) die halbe grosse

grofse Axe 18,018467 davon Log. = 1. 2557179
der Log. des kleinften Abftandes = 9. 7656500
                                    8. 5099321
zu 90° 21'½ gehört in der V. Taf. 9. 0144160
Log fin +   11' 29,"9 . . 7. 5243481
parabol. Anom. 90 21 31, 1
wahre Anom.   90 33   1, 0 in der Ellipfe.

1te Anmerkung. Die 5te Tafel enthält den Logarithmus folgender Gröfse, wo V die wahre Anomalie in der Parabel ift

$$\tfrac{1}{10}\tang \tfrac{1}{2} V [4 - 3 \cos^2 \tfrac{1}{2} V - 6 \cos^4 \tfrac{1}{2} V]$$

Diefe Formel des Herrn *de la Place* und unfre Tafel geben den Sinus der gefuchten Verbefferung der in der Parabel gerechneten Anomalie; *Simpfons* Formel und Tafel hingegen den Log. des Winkels felbft in Minuten und deren Decimaltheile; diefe Decimaltheile mufs man in Secunden verwandeln, welches bey der erftern Einrichtung erfpart wird, wo man die gefuchte Correction unmittelbar und ohne Interpoliren in Minuten und Sec. erhält. Da die Bogen klein find, fo find fie mit ihrem Sinus gleich grofs, und folglich beyde Tafeln um den Logar. des Bogens unterfchieden der dem Halbmeffer gleich ift: (3.53627). Hierzu mufs noch der Logarithmus von 2 addirt werden, weil *Simpfon* die ganze grofse Axe, *de la Place* aber nur die halbe grofse Axe zur Einheit angenommen hat. Der Unterfchied der Glieder beyder Tafeln ift demnach 3,83730 oder die arithmetifche Ergänzung 6,1627.

2te Anmerk. Der elliptifche *radius vector* findet fich aus der gefundenen wahren Anomalie nach folgender Formel

$$radius\ vector = \frac{(a \mp e)(a - e)}{a + e \cos V}$$

wo a die halbe grofse Axe, e die Excentricität ift.

Im obigen Beyspiel war $a = 18,018467$. Der kleinste Abst. $0,5829726$ also $e = 18,018467 - 0,5829726 = 17,4354944$

$\log. 17,4354944 = 1.2414343 \ +$
cos. w. A. 90. 33. 0 $= 7.9822334 \ -$

$\overline{\qquad 9.2236677}$ N. Z. $= - \ 0,1673662$
$a = + \ 18,0184670$
$\overline{\qquad 17,8511008}$

cpl. Arithm. log. $17,8511008 = 8.7483351$
$\log. (a+e) = \log. 35,4539614 = 1.5496647$
$\log. (a-e) = \log. 0,5829726 = 9.7656482$

Summe $0.0636480 = \log. rad. v.$

Sechste Tafel. Die Überschriften der Spalten dieser Tafel erklären hinlänglich ihren Inhalt. Wir bemerken daher bloſs, daſs bey dem kleinsten Abstand als Einheit die mittlere Entfernung der Erde von der Sonne angenommen worden ist; daſs der Buchstabe *R* eine retrograde Bewegung des Cometen anzeigt, *D* aber eine directe Bewegung; ferner daſs eine arabische Ziffer neben der römischen, z. E. 10 XXIII anzeigt, daſs man aus Gründen diese beyden Cometen, den 10ten und 23ten für den nähmlichen hielt.

Um aber die Formeln zur Berechnung des Orts eines Cometen aus den gegebenen Elementen beysammen zu haben, theilen wir noch folgendes mit.

I. **Die heliocentrische Länge und Breite eines Cometen zu finden.**

1) Man suche nach den oben gegebenen Regeln die wahre Anomalie des Cometen. Ist die Bewegung des Cometen direct, so wird diese Anomalie zum Ort der Sonnennähe addirt, wenn die Zeit, wofür der Ort des Cometen gesucht wird nach der Zeit der Sonnennähe fällt; hingegen wird die Anomalie vom Ort der Sonnennähe abgezogen, wenn die gegebene Zeit vor der Sonnennähe fällt.

2) Ist die Bewegung des Cometen retrograd, so geschieht in beyden Fällen das entgegengesetzte.

3) Man

3) Man erhält dadurch den Ort des Cometen in feiner Bahn.

4) Davon ziehe man die Länge des auffteigenden Knotens ab, fo erhält man das Argument der Breite.

5) Die Tangente des Arguments der Breite, multiplicirt mit dem Cofinus der Neigung der Bahn, giebt die Tangente eines Bogens, welcher zur Länge des auffteigenden Knotens addirt werden muſs, um die heliocentrifche Länge des Cometen zu erhalten.

6) Der Sinus des Arguments der Breite mit dem Sinus der Neigung der Bahn multiplicirt, giebt den Sinus der heliocentrifchen Breite. Will man bloſs aus den Zeichen + und — erkennen, ob die Breite nördlich oder füdlich ift, fo ift bey retrograder Bewegung die Neigung der Bahn und alfo auch ihr Sinus negativ zu nehmen.

Beyfpiel. Für den Halleyifchen Cometen fanden wir oben

```
wahre Anomalie  . . . . . . . . .  3 z   0°  33'   0"
Länge der Sonnennähe in der VI. Tafel 10   3  19  18
Ort in der Bahn  . . . . . . . . .   1   3  52  18
Länge des auffteigenden Knotens  . .  1  23  45  35,5
Argument der Breite  . . . . . .     11  10   6  42,5
Log. tang. Arg. d. Br.  340°  6'  42,"5  =  — 9.5584229
Log. cof. Neig. d. Bahn  17  40   5       =  + 9.9790159
       Log. tang.  11 z.  10° 58' 51,"7   =  — 9.5374388
Knoten . . .  1   23  45  35,5
              1    4  44  27, 2  =  heliocentrif. Länge d. Cometen.
Sin. Arg. der Breite  340°  6'  42,"5  =  — 9.5317162
Sin. Neig. d. Bahn  17  40   5         =  — 9.4821613
Sin. der helioc. Breite 5  55  34, 3   =  + 9.0138775
     alfo nördliche heliocentrifche Breite 5° 55' 34,"3.
```

II. **Die geocentrifche Länge und Breite zu finden.**

Im Dreyecke das die Sonne, die Erde, und der auf die Ecliptik projicirte Ort des Cometen bilden, hat man die zwey Seiten

$R =$ dem Abftand der Erde von der Sonne

$r =$ dem curt. Abftand des Comet. von d. Sonne = dem *Radius Vector* des Cometen, multiplicirt mit dem Cofinus der heliocentrifchen Breite

und S den Winkel an der Sonne. Diefer Winkel ift gleich dem Unterfchied der heliocentrifchen Längen der Erde und des Cometen fo genommen, dafs er immer kleiner als

6 Z.

6 Z. oder 180° ist; wobey die heliocentrische Länge der Erde gleich der Länge der Sonne $+ 180°\ 0'\ 20''$ ist; [die 20″ müssen wegen der Aberration addirt werden.]

1ter Fall $r < R$ so suche man y, dann x aus den Formeln.

$\text{Log } R - \text{Log } r = \text{log tang } y$ und
$\text{Log tang }(y-45°) + \text{log cot. } \tfrac{1}{2} S = \text{log. tang } x$, so ist der Winkel an der Erde $T = 90° - \tfrac{1}{2} S - x$.

2ter Fall $r > R$ so ist

$\text{Log } r - \text{log } R = \text{log tang } y$ und
$\text{Log tang }(y-45°) + \text{log cot } \tfrac{1}{2} S = \text{log tang } x$
und der Winkel an der Erde $T = 90° - \tfrac{1}{2} S + x$.

In beyden Fällen muſs man den Winkel T von der Länge der Sonne abziehen, wenn die heliocentr. Länge des Cometen gröſser ist als die der Erde, um die geocentr. Länge des Cometen zu erhalten; hingegen T zur Länge der Sonne addiren, wenn die heliocentrische Länge des Cometen kleiner ist als die der Erde. Zulezt hat man noch

Log. tang. d. geocentrif. Breite $=$ log. tang. der heliocentrif. Breite $+$ log. fin. $T -$ log. fin. S.

Beyſpiel. 1759 22. Jan. $7^U\ 3'\ 31''$ m. Z. zu Paris war

Länge der Sonne $=$	10 Z.	2°	34'	27,″4
hierzu addirt		6	0	0. 20
Heliocentrif. Länge d. Erde $=$	4 Z.	2°	34'	47,″4
Helloc. Länge d. Cometen $=$	1	4	44	27. 2
$S =$		2 27	50	20, 2
halb $S =$		1 13	55	10, 1

Ferner war oben der log. radius vector des Cometen $= 0.0636480$
cof. heliocentr. Breite $= 9.9976727$

$\quad\quad\quad\quad\quad\quad\quad\quad\quad\quad\quad$ log $r = 0.0613207$
aus den ☉tafeln log $R = 9.9923560$

$\quad\quad\quad\quad\quad\quad\quad\quad\quad\quad$ log. tang $y = 0.0689647$

alſo $y = 49°\ 28'\ 17,″7$ und $y - 45° = 4°\ 28'\ 17″,7$.
Nun ist log tang $4°\ 28'\ 17,″7 = 8.8932217$
log cot halb $S\quad 43\ 55\ 10, 1 = 0.0163544$

$\quad\quad\quad\quad\quad$ log tang $x = 8.9095661$

und $x = 4°\ 38'\ 34,″0$
$+\ 90° =\quad 90°$
$=\quad 94\ 38\ 34,″0$
$-$ halb $S =\quad 43\ 55\ 10, 1$
$T =\quad 50\ 43\ 23,″9 = 1 Z.\ 20°\ 43'\ 23,″9$
Länge der Sonne m. Aberration $= 10\quad 2\quad 34\ 47.\ 4$
geocentrische Länge des Cometen $\quad 11 Z\ 23°\ 19'\ 11″,3$
Meſſier hat ſie beobachtet $\quad 11 Z\ 23\quad\ 6\quad\ 2$

Ferner

```
                Ferner für die geocentrische Breite
log tang der heliocentr. Breite    5°  55'  34."3  =  + 9.0162059
                           Sin T  50   43   23, 9   =    9.8887958
                                                         8.9050017
                           Sin S 87°  50'  20,"2   =    9.9996910
            Log tang geocentr. Breite  =              8.9053107
          Geocentrische Breite    4°  35'  50,"2  Nördlich
          Meſſier hat ſie beob.  4   36   20   Nördlich.
```

Wir haben nun noch das in der Vorrede verſprochene Verzeichniſs der Druck und Schreibfehler, welche bey Verfertigung der VI. Tafel in den Elementen der Cometenbahnen gefunden worden ſind, mitzutheilen.

1) In *Mémoires de l'acad. des ſciences de Paris*
   1743 pag. 196 ſtatt *Juillet* lies *Juin*.
   1763 pag. 15 ſtatt ♍ lies ♓ bey der Länge des Knotens.
   Ibid. pag. 18 *long. Perih.* 10. 13. 14. 43. lies 10. 22. 16. 53.
   1775 pag. 430 Lexell's Elemente iſt die Länge der Sonnennähe 4Z 29° ſoll ſeyn 4Z 24°.

2) *Mém. préſentés Tome X. pag. 149.* iſt bey Halleys Elementen des Cometen von 1532 die Neigung der Bahn um 10' zu groſs.

3) *Ephem. Mediolan. 1782. pag. 155.* Länge des ♌ 2 Z. ſoll ſeyn 0 Z.

4) In la Caille's Leçons d'Aſtronomie pag. 296 & 297.
   1593. Sonnennähe 4 Z. ſoll ſeyn 5 Z.
         Der Logar. diſt. 9, 949930 ſoll ſeyn 8, 949940
   1689. Logar. diſt. 8, 226712 ſoll ſeyn 8, 227604.
   1743. (d. XLVIſte C.) log. diſt. 9, 716490 ſoll ſeyn 9, 717310.
   1747. Log. diſt. 0, 342128 ſ. ſ. 0, 342146.
   1759. Log. diſt. 9, 766939 ſ. ſ. 9, 766030.

5) *Pingré's* Cometentafel in ſ. Cometographie II. p.
   1607. Oct. 16 . . . ſoll ſeyn Oct. 26.
   1672. Log. diſt. 9, 848476 ſ. ſ. 9, 843476.
   1683. Log. diſt. letzte Ziffer 7 ſ. ſ. 3.
   1699. Log. diſt. 9, 877570 ſ. ſ. 9, 871570.
   1729. Elemente v. Kies Mai ſ. ſ. Juni.

6) Berliner Sammlung aſtronomiſcher Tafeln, I. Th. pag. 36 ſqq.
   1593. Log. diſt. 9, 0499 ſoll ſeyn 8, 949926.
   1596. *Pingré's* Elem. Aug. 10. 26. St. . . . Aug. 10. 20. St. Ort des ♌ 10 Z. ſtatt 16 Z; diſt. Perihelli 549415 ſ. ſ. 549424, log. 9, 710058 ſ. ſ. 9, 710588.
   1672. Log. Diſt. 9, 848476 ſ. ſ. 9, 843476.
   1680. *Struyck's* Elemente. Neigung der Bahn 6° ſ. ſ. 61°.
   1699. Log. diſt. 9, 817573 ſ. ſ. 9, 871573.
   1742. *Struyck's* Elemente. Febr. 4. 30. 30' ſ. ſ. Febr. 8. 4. 30. 30.
   1744. *Cheſeaux* El. Länge d. S. 6, 25. 51. 32. ſ. ſ. 6, 17. 19. 20.
   1747. *Cheſeaux* El. Febr. 18. ſ. ſ. Febr. 28.
   1759. *Chappe* El. Dec. 12. 58. 12. ſ. ſ. Dec. 16. 12. 58. 12.
   1762. *La Lande* Log diſt. 0, 00535 ſ. ſ. 0, 00538.
         Klinkenberg Log. diſt. 0, 002979 ſ. ſ. 0, 002969.
   1769. Bey *Wargentin's* (ſoll ſeyn *Proſperin's* Elem. iſt Zeit der Sonnennähe 13 St. ſtatt 1 St.
         Lexell's Neig. d. B. 40° 40' 39" ſ. ſ. 40° 49' 33".
         Länge d. S. 4. 24. 15. 34. ſ. ſ. 4. 24. 10. 51.
   1773. *La Lande* ſoll ſeyn *Pingré*.
         Sept. 11. 18. 45. ſoll ſeyn Sept. 5. 11. 18. 45.

Druck-

Druckfehler und Verbesserungen.

Seite V der Vorrede am Ende ist zu bemerken, daß gegenwärtige Abhandlung nicht ein Auszug, sondern die ganze vollständige Abhandlung selbst sey.

Seite XVIII Zeile 2. Der Herausgeber bemerkt hier mit vielem Vergnügen, daß nach Abdruck dieser Abhandlung durch Entdeckung eines Druckfehlers von 10″ in der Epoche 1797 der Triesneckerischen Sonnentafeln, *Ephem. Vindob. 1793 pag. 402* der Fehler der Tafeln dieses verdienstvollen Astronomen nicht größer wird, als der Fehler bey den übrigen Tafeln, nähmlich 13″. Der Hr. Major *von Vega* hat auf Ansuchen des Herausgebers schon die Gewogenheit gehabt, die Anzeige dieses Fehlers und der daraus entstehenden Verbesserung in der Vorrede zum 2ten Theile seiner logarithmisch-trigonometrischen Tafeln aufzunehmen, wo im Abdruck der Triesneckerschen ☉tafeln dieser Fehler ebenfalls stehen geblieben war.

Seite XXIII Zeile 4 ihnen *lies* ihm.
— XXV — 5 Der *lies* Den.
— XXVI — 8 87 *lies* 89.
— 7 letzte Zeile statt $r' + r''' - t'''$ *lies* $r' + r''' - k'''$.
— 11 §. 12 Zeile 3 fehlt die Note: Wenigstens wie Herr *Pingré Cometographie T. II. pag. 308* die Constructionsmethode des Herrn *Boscovich* angiebt.
— 20 Zeile 5 nochmals *lies* nachmals.
— 20 — 6 werdeu *lies* werden.
— 20 — 10 übrigen *lies* übrigen.
— 20 — 13 uud *lies* und.
— 27 — 6 Wreen *lies* Wren. Eben so pag. 28 Zeile 4.
— 30 Zeile 5 von unten Beobachtnngen *lies* Beobachtungen.
— 34 der Tafeln Differ. zwischen 77° und 88° *lies* letzte Ziffer 4 statt 8.
— 30 letzte Zeile der Note, wenn sich der Comet zugleich weit v. d. Q. *lies* wenn sich der Comet zugleich nicht weit v. d. Q.
— 40 — 4 Segmente ANBDA, *anbda*, BMCDB, *bmcdb* *lies* ANBA, *anba*, BMCB, *bmcb*.
— 42 letzte Zeile ist zwischen $\frac{t'}{\sin DMA}$ und $\frac{t'''}{\sin COD}$ das Zeichen : vergessen.
— 45 4te Zeile von unten im Zähler ist t' statt t'' zu lesen.
— 51 Zeile 2 nochmals *lies* nachmals.
— 56 — 7 vom Ende 3,50 *lies* 0,390.
— 52 der Tafeln Zeile 15 bekannt und berechnet, *lies* berechnet und bekannt.
— 64 Note ** Zeile 4 wich *lies* which.
— 63 der Tafeln ganz zuletzt fehlt noch die Note: Bey allen (ältern) Cometen wobey nicht anders ausdrücklich erinnert worden, sind die Elemente durch die indirecte (trigonometrische) Methode bestimmt worden: Halley hat vielleicht Newtons Construction dabey zu Hülfe genommen. Vom 71sten Cometen an haben die Herren *Méchain* und *Saron*, so wie auch der Herausgeber, sich der Methode des Herrn *de la Place* bedient. *Euler* und *Lexell* haben ihre Bahnen nach des erstern Methode berechnet.
— 78 Zeile 13 nochmals *lies* nachmals.
— 91 bis 106 ist die Seitenzahl um 10 zu groß.
— 95 Zeile 2 statt k'' *lies* k'.

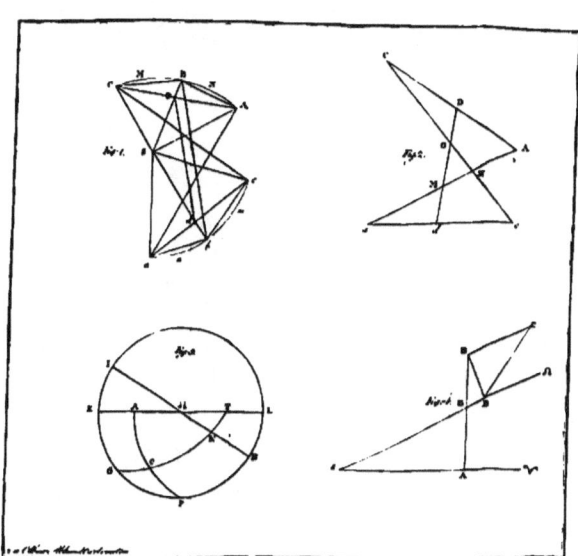

www.ingramcontent.com/pod-product-compliance
Lightning Source LLC
Chambersburg PA
CBHW020831230426
43666CB00007B/1182